Jörg Römer und Christoph Seidler (Hg.)

Von oben

Jörg Römer und Christoph Seidler (Hg.)

Von oben

Die schönsten Geschichten, die Satellitenbilder über die Erde und uns Menschen erzählen

Ein SPIEGEL-Buch mit Beiträgen von Susanne Götze, Julia Köppe, Matthias Maurer, Julia Merlot, Jörg Römer, Christoph Seidler

Deutsche Verlags-Anstalt

Tarawa, das Hauptatoll der
Republik Kiribati im Pazifik

Inhalt

Penguin Random House Verlagsgruppe FSC® N001967

1. Auflage
Copyright © 2021 by Deutsche Verlags-Anstalt, München
in der Penguin Random House Verlagsgruppe GmbH,
Neumarkter Straße 28, 81673 München,
und SPIEGEL-Verlag Rudolf Augstein GmbH & Co. KG,
Ericusspitze 1, 20457 Hamburg
Umschlaggestaltung: Büro Jorge Schmidt
Umschlagabbildung: © contains modified Copernicus Sentinel data (2019),
processed by ESA, CC BY-SA 3.0 IGO; http://creativecommons.org/licenses/
by-sa/3.0/igo/
Satz: DVA/Andrea Mogwitz
Repro, Druck und Bindung: Mohn Media Mohndruck GmbH
Printed in Germany
ISBN 978-3-421-04891-2

www.dva.de

Über dieses Buch

Das »Satellitenbild der Woche« erscheint jeden Montag auf SPIEGEL.de
Es ist die älteste Kolumne des Wissenschaftsressorts auf Deutschlands
großer Nachrichtenwebseite. Auf die Idee, einmal pro Woche ein Bild
zu präsentieren, das allein schon wegen seiner einzigartigen Optik die
Neugier der Leserinnen und Leser weckt, kam vor vielen Jahren der damalige Ressortleiter Markus Becker.

Jedes Mal, wenn die Redakteurinnen und Redakteure seither nach
einer Aufnahme aus dem All fahnden, unternehmen sie eine kleine
Reise. Natürlich schickt der SPIEGEL seine Mitarbeiter nicht wöchentlich auf Satellitenbild-Recherche rund um die Welt. Aber zumindest
in Gedanken hat sich wohl jeder von uns, die im Wechsel die Texte zu
den Satellitenbildern schreiben, schon einmal vom Schreibtisch auf und
davon gemacht. Die ungewöhnlichsten und manchmal auch schönsten
Orte der Erde aus dem All zu sehen, weckt einfach das Fernweh.

Und nun können Sie mit uns auf Reisen gehen. Die Idee zu diesem
Buch entstand, als wir, die Wissenschaftsredakteure Christoph Seidler
und Jörg Römer, darüber nachdachten, wie lange es die Rubrik schon
gibt und wie viele unterschiedliche Bilder schon vorgestellt wurden.
Wir beide fungieren bei »Von oben« nun als Herausgeber und Autoren.
Doch im Grunde steht hinter diesem Buch das gesamte Wissenschaftsressort des SPIEGEL. Dass die Redakteurinnen Julia Merlot, Julia
Köppe und Susanne Götze, die auch einige ihrer Texte zu dem Projekt
beigesteuert haben, nicht auf dem Cover stehen, liegt eher an Platzgrün-
den. Wir möchten diesen drei Kolleginnen an dieser Stelle ausdrücklich

unseren herzlichsten Dank aussprechen, ebenso allen anderen, die an diesem Buch beteiligt waren.

Wir Herausgeber haben mehr als 50 besonders faszinierende Aufnahmen aus dem All und deren Geschichten ausgewählt. Manche davon wurden bereits in der Kolumne veröffentlicht, andere haben wir exklusiv für dieses Buch geschrieben.

Uns fasziniert die wunderbare Vielfalt der Bilder. Eigentlich kann man fast jede Geschichte mit einer Aufnahme aus dem All erzählen: Egal, ob es um Umweltzerstörung im Amazonas geht, die Narben auf einem Atomtestgelände im Westen der USA oder riesige Braunkohletagebaue in Brandenburg.

Die fünf Kapitel des Buches fassen die Geschichten der Bilder thematisch zusammen. Mal geht es einfach um Traumziele, an denen wohl jeder gerne Urlaub machen möchte. Mal geht es um die Meere, die den größten Teil unserer Erde bedecken. Und in einem weiteren Kapitel widmen wir uns Satellitenbildern von besonderen Städten und Flüssen. Welche Kräfte die Natur entwickeln kann, wie Erdbeben oder Vulkanausbrüche das Antlitz der Erde prägten und wie dies aus dem Orbit gut sichtbar ist, zeigt ein weiterer Teil dieses Buches. Im letzten Abschnitt geht es um den Menschen, der auf der Erde längst deutlich sichtbare Spuren hinterlassen hat.

Wenn Sie nun durch die Bilder und Geschichten in diesem Buch stöbern und sie hoffentlich genießen, müssen Sie sich keinesfalls an die Reihenfolge halten. Blättern Sie am besten einfach ganz nach Interesse durch und lesen dort, wo Ihnen ein schönes Bild ins Auge sticht. In diesem Sinn wünschen wir viel Spaß beim Bestaunen der Eindrücke unserer Erde von oben.

Jörg Römer und Christoph Seidler

Geleitwort

von Esa-Astronaut Matthias Maurer

Die Worte des ersten Menschen im All sind legendär und begeistern mich bis heute: »Ich sehe die Erde! Sie ist so wunderschön!«, beschrieb Juri Gagarin am 12. April 1961 das, was nach ihm auch viele andere Raumfahrerinnen und Raumfahrer berichteten. Aus der Erdumlaufbahn sehen wir eindrücklich, wie verwundbar unsere Erde ist, wie fragil die sie umgebende Lufthülle – und wie sehr wir Menschen auf unseren Heimatplaneten achtgeben müssen. Zu einem Gefühl der Demut kommt eine große Verantwortung. Was man dagegen nicht sieht, sind menschengemachte Grenzen, wirtschaftliche oder politische Machtblöcke.

»Overview-Effekt« nennt man das Phänomen, wonach der Aufenthalt im All die Perspektive auf die Erde und die darauf lebende Menschheit tiefgreifend verändert. Viele Raumfahrerinnen und Raumfahrer haben mir schon davon berichtet, wie sie der Blick auf die kleine blaue Kugel jeden Tag aufs Neue bewegt hat, so auch mein Kollege Alexander Gerst.

Ich hoffe sehr darauf, diesen besonderen Blick in Kürze ebenfalls genießen zu können: Als Astronaut der Europäischen Weltraumorganisation Esa werde ich, wenn alles nach Plan läuft, im Herbst 2021 in einer Kapsel des US-Unternehmens SpaceX zur Internationalen Raumstation ISS fliegen und dort meinen französischen Kollegen Thomas Pesquet ablösen. Das ist die Erfüllung meines Traums, auf den ich viele Jahre hingearbeitet habe. Wenn dieses Buch in den Druck geht, bin ich bei den finalen Reisevorbereitungen. Wenn Sie es lesen, befinde ich mich hoffentlich auf der Raumstation.

Meine Mission trägt den Namen »Cosmic Kiss«. Ich möchte damit auf die Bedeutung der ISS als Bindeglied zwischen den Bewohnern der Erde und dem Universum aufmerksam machen, auf den Wert der partnerschaftlichen Erkundung des Alls – und vor allem darauf, wie lebenswichtig im wahrsten Sinne des Wortes ein respektvoller und nachhaltiger Umgang mit unserem Heimatplaneten für uns ist.

Einmal die Erde von ganz weit oben sehen zu dürfen, ist ein immenses Privileg. Dessen bin ich mir sehr bewusst. Auf der Raumstation gibt es dafür einen ganz besonderen Aussichtspunkt: das in Europa gebaute Cupola-Modul. Dort ermöglichen gleich sieben Fenster einen Rundumblick auf unseren Planeten, das größte von ihnen hat einen Durchmesser von 80 Zentimetern. Ich werde wohl viel Zeit dort verbringen, so wie es zahlreiche Kolleginnen und Kollegen schon getan haben. Und ich werde einfach staunen. Ein paar Fotos werde ich wohl auch machen, vielleicht findet sich ja eines davon in der nächsten Ausgabe dieses Buches.

Den unmittelbaren, sinnlichen Eindruck, sich jenseits unserer Erde zu befinden, sie von oben bestaunen zu können – das ist nur wenigen Menschen vergönnt. Doch ich glaube, dass man den Overview-Effekt im Grunde genommen auch erleben kann, ohne ins All zu fliegen: indem man sich in die Bilder der zahlreichen Erdbeobachtungssatelliten vertieft, von denen sich mehr als 50 besonders faszinierende in diesem Band finden.

Wer die dazugehörigen Geschichten liest, lernt abgelegene Orte kennen, wie die antarktische Insel Südgeorgien oder die Vulkaninseln der Kapverden vor der Nordwestküste Afrikas. Er erfährt, was ein Wüstental in Israel mit meinem verstorbenen Astronautenkollegen Ilan Ramon zu tun hat, und lernt, wie Asteroiden in Kanada, aber auch in Deutschland Narben in die Kruste unserer Erde geschlagen haben.

Die Leserinnen und Leser bekommen aber auch mit, wie sehr wir Menschen unseren Planeten längst prägen. Das zeigen Bilder von riesi-

gen Fischfangflotten auf Asiens Meeren, abgeholzten Regelwaldgebie-
ten in Südamerika oder riesigen Braunkohletagebauen in unserem eigenen Land.

Nicht zuletzt europäische Satelliten liefern jeden Tag aufs Neue riesige Mengen an aktuellen Erdbeobachtungsdaten. Das von Esa und
Europäischer Union getragene »Copernicus«-Programm ist das ambi-

tionierteste Erdbeobachtungsprogramm aller Zeiten. Besonders interessant ist dabei, dass die Daten der »Sentinel«-Satelliten für jedermann zugänglich sind. Und ein halbes Dutzend neuer fliegender Observatorien ist gerade in der Entwicklung, nicht zuletzt auch in Deutschland. Bis zum Ende des Jahrzehnts sollen insgesamt rund 30 »Sentinel«-Satelliten im Orbit sein. Dann wird es eine ganze Fülle neuer Messdaten geben, unter anderem zum Treibhausgas Kohlendioxid, zu den Oberflächentemperaturen der Erde oder zum Zustand des polaren Meereises.

Die Erde dauernd im Blick zu haben, das bedeutet auch: Das wichtigste Ziel der Raumfahrt sind keine fernen Himmelskörper, es ist immer unser eigener Planet. Und dennoch: In den kommenden Jahren werden wir Menschen uns spannende kosmische Reiseziele suchen. Wir werden zum Mond zurückkehren, der sich übrigens auch im Logo meiner Mission findet: Ein menschlicher Herzschlag verbindet in der Darstellung Erde und Mond, dazwischen fliegt die Internationale Raumstation in Herzform. Und wir werden unsere Blicke auf den Mars richten, ein faszinierendes Reiseziel! Doch so spannend diese Plätze sind, so viel wir an diesen fernen Orten lernen und entdecken können, dürfen wir eines nicht vergessen: Unser Zuhause in diesem unendlich großen, wunderbaren Kosmos ist und bleibt die Erde.

Entscheidend helfen uns dabei die Erdbeobachtungssatelliten, die unserem Planeten den Puls fühlen. Mit der Beobachtung ist es aber nicht getan. Die faszinierenden Bilder und Messergebnisse allein lösen keine Probleme. Um die Erde zu schützen, dürfen wir sie nicht nur bestaunen. Wir müssen auch, jeder auf seine Art, in diesem Sinne handeln. Auch daran soll dieses Buch erinnern. Ich wünsche Ihnen viel Spaß beim Entdecken!

Ihr Matthias Maurer

Die Welt im Blick
Wie Satelliten vom Werkzeug der Spione und Militärs zum Pulsmesser der Erde wurden

Die Luft am Startkomplex 17A bebt an diesem Morgen des 7. August 1959. Von der Cape Canaveral Air Force Station in Florida steigt unter großem Getöse eine »Thor Able«-Rakete in den Himmel, so wie sie es in den vergangenen Monaten schon mehrmals getan hat. Nach einigen peinlichen Rückschlägen zu Beginn des Programms ist der rund 30 Meter lange, dreistufige Träger zu einem einigermaßen zuverlässigen Weltraum-Transportvehikel geworden.

Zwei Jahre zuvor hat ein Piepen aus dem All die amerikanischen Weltraumexperten aufgeschreckt, nein, eigentlich die ganze westliche Welt. Es stammte vom sowjetischen Satelliten »Sputnik 1«, der ab dem 4. Oktober 1957 einmal alle 96 Minuten die Welt umrundete und Kurzwellensignale aus dem All funkte. Das Gerät sandte zwar nur Radiosignale aus, es zeigte den Amerikanern aber, wie verwundbar sie gegenüber möglichen Angriffen aus dem Weltraum waren – und wie schwach die eigenen Leistungen im Bereich der Raumfahrt bis zu diesem Zeitpunkt ausfielen.

Der »Sputnik-Schock« saß tief. Zum ersten Mal hatten Menschen einen Satelliten ins All geschossen. Dass die Sowjets damit ein ganz neues Zeitalter beginnen würden, war ihnen damals möglicherweise noch gar nicht bewusst. Heute schwirren Tausende Satelliten aus vielen Nationen auf Umlaufbahnen um unseren Planeten. Und beinahe wöchentlich kommen neue hinzu, bald werden es Zehntausende sein.

Start des US-Satelliten »Explorer 6« am
7. August 1959

Die meisten Satelliten betreiben derzeit die USA. Das war in den Fünfzigerjahren noch nicht zu ahnen. Zumal die Sowjets im November 1957 sogar das erste Lebewesen ins All geschossen hatten: die Hündin Laika, die in ihrer Kapsel qualvoll an Stress und Hitze verendete, wie später bekannt wurde. Das Satellitenprogramm der Amerikaner nahm dagegen nur langsam Fahrt auf. Der Start des ersten eigenen Satelliten, »Vanguard TV-3«, floppte Ende 1957 vor den Augen der Öffentlichkeit: Die Rakete explodierte noch auf der Startrampe.

Im Februar 1958 stieg der erste US-Satellit in den Orbit, der an einen riesigen Bleistift erinnernde »Explorer 1«, damals noch unter Federführung des Militärs. Im Oktober 1958 nahm dann die zivile Weltraumbehörde Nasa den Betrieb auf.

Die Bilanz des »Explorer«-Programms war durchwachsen: Die Missionen drei und vier verliefen erfolgreich, während die zweite und die fünfte scheiterten. »Explorer 6« musste 1959 wieder ein Erfolg werden. Der Satellit würde auf einer extrem elliptischen Umlaufbahn ausgesetzt werden und käme der Erde an einem Punkt bis auf rund 240 Kilometer nahe, würde sich andererseits aber auch rund 42 000 Kilometer von ihr entfernen.

An Bord des kleinen, kugelförmigen Satelliten war ein Gerät, das Geschichte schreiben sollte: »Explorer 6« würde nicht nur das Magnetfeld der Erde vermessen, so der Plan, sondern auch die ersten Bilder unseres

Planeten aus der Umlaufbahn senden. Schon zwölf Minuten nach dem Start fing das riesige Radioteleskop Jodrell Bank im britischen Manchester tatsächlich die Signale des Satelliten auf. Zwar hatte sich eines der Solarpaneele für die Energieversorgung nicht entfaltet, doch sein Bild konnte er machen.

Bis der Satellit es schickte, verging aber noch einige Zeit: Am 14. August 1959, also eine Woche nach dem Start, »Explorer 6« war gerade hoch über Mexiko unterwegs, wurde schließlich eine kleine Fernsehkamera an Bord angeschaltet. Über 40 Minuten scannte sie den Boden. Weil sich der Satellit währenddessen drehte, ging das nur nach und nach. Die Daten wurden dann zu einer Bodenstation auf Hawaii geschickt. Dort wurden die Informationen gespeichert und die Datenträger schnellstmöglich zur Weiterverarbeitung nach Los Angeles gebracht.

Das Ergebnis war ein Bild von Wolkenformationen über dem Pazifik. Es wurde auf einer Pressekonferenz am 28. September 1959 vorgestellt. Ästhetisch macht die Schwarz-Weiß-Aufnahme aus rund 30 000 Kilome-

FIRST TELEVISION PICTURE FROM SPACE
TIROS I SATELLITE   APRIL 1, 1960

Aufnahme des Wettersatelliten »Tiros 1« vom
1. April 1960

tern Höhe wenig her. Auch der wissenschaftliche Wert dürfte überschaubar gewesen sein. Ein Foto der Erde, das eine »V2«-Rakete schon 13 Jahre zuvor aufgenommen hatte, war deutlich detaillierter gewesen. Diese erreichte allerdings nicht den Erdorbit, und somit war das Bild von »Explorer 6« das erste Satellitenfoto der Weltgeschichte.

Weitere Daten, die der Satellit noch geliefert hatte, wurden dagegen nicht einmal mehr zu Bildern zusammengesetzt. Die Amerikaner hatten etwas vorzuweisen im »space race«. Allein das zählte. Wen interessierte es da, dass die erste Aufnahme ziemlich mau aussah?

Auf »Explorer 6« folgten bald schon weitere, leistungsfähigere Satelliten zur Erdbeobachtung. Die Menschheit bekam mit »Tiros 1« im Frühjahr 1960 die ersten Live-Fernsehbilder aus dem All. Doch nicht nur das: Innerhalb von zweieinhalb Monaten lieferte das fliegende Observatorium rund 23 000 Fotos unseres Planeten. Und etwa 19 000 davon konnten für die Wettervorhersage eingesetzt werden. Erstmals war es damit möglich, komplette Wolkensysteme und Stürme im Blick zu haben. Diese Nutzung von Satelliten mag uns heute selbstverständlich erscheinen. Damals war sie eine Sensation: Die Weltraumtechnik hatte bewiesen, dass sie auch ganz praktischen Nutzen für die Erde bringen konnte. Sie war nicht mehr nur ein teures Spielzeug von Militärs und Wissenschaftlern.

Außerdem ließen die Fotos aus dem All die Menschen staunen, so zum Beispiel im Mai 1966, als ein sowjetischer »Molnija-1«-Satellit das erste Foto der gesamten Erde machte und zur Erde schickte, zunächst

Der erste deutsche Forschungssatellit »Azur« vor dem Start

noch als Schwarz-Weiß-Bild. Das erste Farbfoto dieser Art kam dann ein Jahr später vom US-Satelliten »Dodge«. In den USA druckte der Aktivist Stewart Brand, der sowohl in der Hippieszene von San Francisco als auch in der Tech-Community des Silicon Valley zu Hause war, ein Bild der Erde aus dem Weltraum auf den Titel seines ersten »Whole Earth Catalog«, der gleichsam einflussreiches Gegenkulturmagazin wie Shoppingkatalog war – und, wie Steve Jobs später feststellte, eine Art »Google in Paperback-Form«. Fotos unserer Heimat mit ihrer dünnen Lufthülle, die unser Schutz gegen die Lebensfeindlichkeit des Alls ist, halfen auch der sich bildenden Umweltbewegung an Popularität zu gewinnen. Wer weiß, wie die Erde von außen aussieht, kann sich besser vorstellen, was es heißt, dass wir sie nur von unseren Kindern geborgt haben.

Der erste deutsche Forschungssatellit »Azur« startete im November 1969 auf einer amerikanischen »Scout-B«-Rakete in Kalifornien. Ge-

Auf dem Bild des Satelliten »DSCOVR« ist die Seite des Monds zu erkennen, die wir von der Erde aus nie zu sehen bekommen.

steuert wurde er von der Deutschen Forschungs- und Versuchsanstalt für Luft- und Raumfahrt, inzwischen als Deutsches Zentrum für Luft- und Raumfahrt (DLR) bekannt. Fotos gab es damals keine, dafür Untersuchungen zur kosmischen Strahlung.

Heute können wir tagesaktuelle Bilder unseres kompletten Planeten im Netz bewundern. Besonders faszinierend sind die hochauflösenden Fotos des »Deep Space Climate Observatory«, kurz »DSCOVR«. Dieser US-Satellit, das Projekt wurde Ende der Neunziger vom damaligen Vizepräsidenten Al Gore ins Leben gerufen, befindet sich im Abstand von 1,5 Millionen Kilometern zu uns. Er umrundet die Sonne synchron mit der Erde. Besonders faszinierend sind dabei die Aufnahmen, bei denen sich von links nach rechts eine hellgraue Kugel mit dunkelgrauen Flecken durchs Bild schiebt: der Mond.

Neben Meteorologen und Geoforschern gab es schon in der Anfangszeit der Satelliten weitere Interessenten für diese Technologie: Militärs und Geheimdienste hatten schnell den Nutzen der fliegenden Augen erkannt. Aus dem Weltraum ließen sich ungekannte Informationen über Truppenstärke und -bewegungen der Gegenseite gewinnen, ließen sich neue technische Entwicklungen am Boden verfolgen und sogar Nuklearexplosionen nachweisen. Im Kalten Krieg konnte solches Wissen womöglich lebensrettend sein.

Gewiss, solche Informationen ließen sich zum Teil auch mit Flugzeugen beschaffen. Doch spätestens der Abschuss des US-Aufklärungspiloten Gary Powers mit seinem U2-Spionagejet über der Sowjetunion am 1. Mai 1960 zeigte klar auf, welche Vorteile weit jenseits der Atmosphäre arbeitende, unbemannte Späher boten. Die Bilder mochten zunächst vielleicht nicht so hoch aufgelöst sein wie Fotos von Flugzeugen aus – aber sie kamen unter geringerem Risiko zustande. Und die Satelliten schickten ständig Nachschub, wenngleich die Raumfahrtprogramme nicht eben billig waren.

Und so forschten sich die Supermächte aus, wo es nur ging: Die ersten Bilder der amerikanischen Spionagesatelliten »Corona« – ja, die hießen wirklich so – beziehungsweise »Keyhole« wurden auf Film gemacht, in kleinen Behältern in Richtung Erde abgeworfen und dort mit dem Flugzeug aufgefangen. Bis in die Siebziger wurde diese Technik genutzt, später wurden die Daten dann digital übertragen. Die Sowjets nutzten für ihre »Zenit«-Späher zunächst große Rückkehrkapseln, wie sie auch im bemannten Raumfahrtprogramm zum Einsatz kamen. Auch sie setzten später auf die drahtlose Übertragung.

Bereits im Jahr 1963 gelangen einem amerikanischen »KH-7 Gambit«-Satelliten Fotos der Erdoberfläche, auf denen selbst einen Meter kleine Objekte noch auszumachen waren. Der Satellit hatte gut 900 Meter Film an Bord. Seine Aufnahmen waren Verschlusssache, erst 2002 wurden 19 000 Bilder freigegeben. Sie zeigen vor allem chinesische und sowjetische Nuklearanlagen und Raketenstellungen, aber auch Städte und Häfen.

Doch man machte nicht nur Fotos: Satelliten fahndeten nach Raketenstarts im Feindesland, lauschten nach Funksignalen, spähten mit Radar sogar nachts und durch dicke Wolkendecken. Die Technik an Bord wurde immer ausgefeilter. Und das alles, so beteuerte US-Präsident Jimmy Carter bei seiner Rede zur Lage der Nation im Jahr 1980, nur mit den besten Absichten: »Fotoaufklärungssatelliten zum Beispiel sind enorm wichtig für die Stabilisierung des Weltgeschehens und leisten damit einen wesentlichen Beitrag zur Sicherheit aller Nationen.«

Nicht mehr allein die USA und Russland nutzen heute Aufklärungssatelliten, auch Länder wie Frankreich (»CSO«), Japan (»IGS«), China (»Yaogan Weixing«), Israel (»Ofeq«) und Deutschland (»Sar-Lupe«, soll zeitnah abgelöst werden durch »SARah«) setzen auf sicherheitskritische Informationen aus dem All. Wie diese Satelliten technisch im Detail funktionieren und was sie tatsächlich leisten können, darüber erfährt die Öffentlichkeit nur selten etwas. Auch was die mögliche Nutzung von Satelliten als Waffen im All angeht, fehlen belastbare Informationen.

Doch manchmal gibt es Momente, in denen die Welt zumindest einen kleinen Einblick in die Fähigkeiten der Spionagesatelliten erhält. Das war zum Beispiel Ende August 2019 der Fall. Und nicht etwa ein Whistleblower war verantwortlich dafür, sondern der damalige US-Präsident Donald Trump. Der Republikaner hatte ein hochauflösendes Foto einer Startanalage des Imam Khomeini Spaceport in der iranischen Provinz Semnan getwittert. Darauf waren die Reste einer »Safir«-Rakete zu sehen, die offensichtlich vor dem Abheben explodiert war. Hätte nicht der Commander-in-Chief, der oberste militärische Kommandant, höchstselbst die Aufnahme bekannt gemacht, hätten die Amerikaner ein Bild dieser Qualität und Schärfe kaum mit ihren Alliierten geteilt, geschweige denn veröffentlicht.

»Viele von uns Außenstehenden hatten ihre Vermutungen, aber in vielerlei Hinsicht geht dies weit über das hinaus, was die meisten angenommen hatten. Ich war überrascht von der Klarheit und den Details«, so

Analyst Brian Weeden von der US-Denkfabrik Secure World Foundation. Trump wollte nach eigenem Bekunden klarstellen, dass die Amerikaner nichts mit der Detonation der iranischen Rakete zu tun hatten.

Das von ihm veröffentlichte Foto zeigte, so das Urteil von Experten, Details bis zu einer Auflösung von zehn Zentimetern. Es belegte damit, mit welcher Präzision die US-Sicherheitsbehörden beinahe jeden Punkt der Erde fotografieren können. Außerdem ließ sich mit Hilfe der Schattenwürfe auf dem Bild und mit Informationen von Amateur-Astronomen rekonstruieren, dass die Aufnahme wohl mit dem im Januar 2011 gestarteten Spionagesatelliten »USA-224« gemacht wurde. Die technischen Fähigkeiten des milliardenteuren Gerätes waren bis dahin nicht öffentlich bekannt. Als sicher gilt jedoch, dass der Hauptspiegel an Bord einen Durchmesser von 2,4 Metern hat – damit ist er genauso groß wie der des »Hubble«-Weltraumteleskops. Nur dass die Spionagesatelliten eben nicht in die Tiefen des Alls spähen – sondern auf die Erde. Wobei Bilder, die vor wenigen Jahren nur Militärs und Mitarbeitern von Geheimdiensten vorbehalten waren, längst für uns alle erhältlich sind: Zahlreiche kommerzielle Anbieter betreiben mittlerweile Erdbeobachtungssatelliten, mit denen Fotos mit Auflösungen von teils weit unter einem Meter möglich sind.

Den Start in dieses Zeitalter markierte ein Schwarz-Weiß-Bild, das die »New York Times« am 13. Oktober 1999 in der linken oberen Ecke ihrer Titelseite abdruckte. Darauf zu sehen war ein Teil der US-Hauptstadt Washington in bisher nicht gekannter Auflösung, aufgenommen aus 680 Kilometern Höhe. Das Foto stammte vom Satelliten »Ikonos«, der im September des gleichen Jahres mit einer »Athena II«-Rakete von der Vandenberg Air Force Base in Kalifornien gestartet war. Betreiber des vom Rüstungs- und Technologiekonzern Lockheed Martin gebauten Gerätes war zunächst das Privatunternehmen Space Imaging, im Zuge von Übernahmen und Fusionen später auch die Firmen GeoEye und DigitalGlobe.

Innerhalb von 15 Jahren lieferte »Ikonos« – benannt nach dem griechischen Wort für »Bild« – nicht weniger als 597.802 öffentlich zugängliche Fotos. Die beste Auflösung lag dabei bei 82 Zentimetern. Zusam-

Rohöltanks in Cushing, US-Bundesstaat Oklahoma

mengenommen decken die Bilder 400 Millionen Quadratkilometer ab, vier Fünftel der Fläche der Erde. Der kommerzielle Pionier hat viel gesehen: die Rauchwolken über Manhattan nach dem Einsturz der Zwillingstürme des World Trade Center, von Erdstößen zerstörte Gebäude in Nepal, illegal abgeholzte Regenwaldflächen im Amazonas.

Aktuelle kommerzielle Erdbeobachtungssatelliten machen Aufnahmen mit einer Auflösung von 30 Zentimetern und weniger. Außerdem gibt es mittlerweile so viele von ihnen, dass Anbieter wie Planet, Digital Globe oder Airbus ihren Kunden eine Abdeckung beinahe in Echtzeit anbieten. So können Analysten anhand der Parkplatzauslastung vor großen Einkaufszentren nach Anzeichen für nachlassende Kauflaune und damit eine schwächere Konjunktur suchen. Sie können durch den Schattenwurf der schwimmenden Deckel in den wichtigsten Öllagern auf deren Füllstand – und damit die Wirtschaftslage – schließen. Und wir alle nutzen das Bildmaterial in Kartendiensten wie Google Maps.

Wie leistungsfähig kommerzielle Erdbeobachtungssatelliten mittlerweile sind, zeigte sich exemplarisch im März 2021. Damals war der 400

Meter lange Containerfrachter »Ever Given« infolge eines Sandsturms im Suezkanal in Ägypten zunächst in den flachen Uferbereich gesteuert und dann dort stecken geblieben. Eine der wichtigsten Schifffahrtsrouten der Welt war für rund eine Woche blockiert. Hunderte Frachter stauten sich, globale Lieferketten waren unterbrochen. Die Arbeiten zum Flottmachen des Schiffes waren mühsam und zogen sich ein paar Tage hin.

In den sozialen Medien fanden sich binnen kürzester Zeit hochauflösende Satellitenaufnahmen des auf Grund gelaufenen Schiffes. Sie stammten einerseits von etablierten Weltraumagenturen: von einem europäischen »Sentinel-2«-Satelliten, dem russischen Erdbeobachter »Kanopus V« sowie dem Kosmonauten Sergei Kud-Swertschkow auf der Internationalen Raumstation. Andererseits gab es aber auch eine Flut kommerzieller Bilder.

Der Frachter »Ever Given«, fotografiert von der Internationalen Raumstation

So ließ Airbus seine »Pléiades«-Konstellation zeigen, was sie konnte, Maxar trumpfte mit Aufnahmen von »WorldView-2« auf, dazu kamen Bilder von Firmen wie Planet, Satellogic oder BlackSky. Auf ihnen waren das Schiff und seine Umgebung in bester Schärfe zu erkennen: der Schriftzug der Reederei Evergreen, jeder einzelne Container, die Krananlage, die Schlepper in der Nähe, die eilig herbeigeschafften Baugeräte, mit denen der Wulstbug aus dem Rand des Kanals freigelegt werden sollte. Sogar nachts gab es Radaraufnahmen, etwa von der kanadischen Firma MDA, von e-GEOS aus Italien, der amerikanischen Capella Space und dem chinesischen Weltraumunternehmen Spacety.

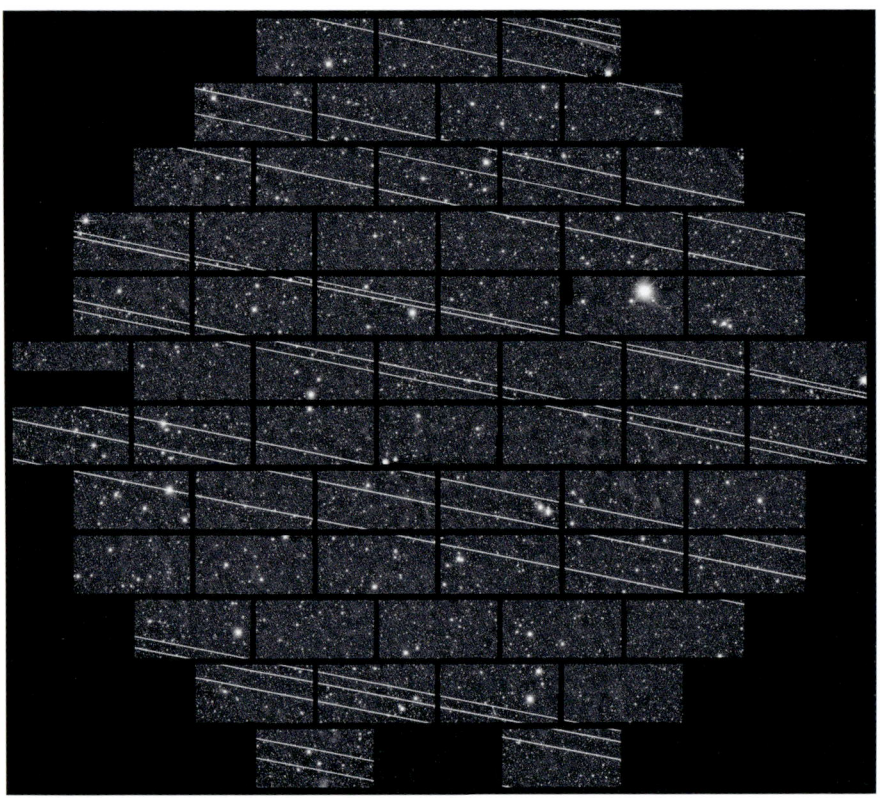

Diese Himmelsaufnahme des chilenischen Cerro Tololo Inter-American Observatory wurde 333 Sekunden belichtet, die »Starlink«-Satelliten auf ihren Bahnen sind als Spuren zu sehen.

Keine Sorge, Sie müssen sich all diese Namen nicht merken. Die Aufzählung hilft aber vielleicht zu verstehen, dass längst nicht mehr nur Staaten Satelliten betreiben. Das All ist privatisiert worden, was nicht immer ganz einfach ist, da etwa verbindliche Verkehrsregeln zur Vermeidung von Zusammenstößen in der Umlaufbahn bis heute fehlen.

In manchen Bereichen wird das Satellitengeschäft schon seit vielen Jahren von privaten Akteuren dominiert, zum Beispiel beim Fernsehen und der Telekommunikation. Privatfirmen sind es auch, die gerade riesige Konstellationen zur Versorgung der Welt mit Breitbandinternet aus dem All aufbauen. Am bekanntesten ist ohne Zweifel das »Starlink«-Projekt von SpaceX-Gründer Elon Musk. Die Firma ist bereits jetzt der mit Abstand größte Betreiber von Satelliten weltweit. Insgesamt will sie um die 40 000 fliegende Internet-Stationen in den Orbit bringen. Das wären fast siebenmal so viele Satelliten, wie insgesamt zwischen 1957 und 2019 gestartet wurden.

Viele Astronomen – egal, ob sie den Himmel im Bereich des sichtbaren Lichtes oder der Radiowellen in den Blick nehmen – sind auf das Projekt nicht gut zu sprechen, weil die Satelliten ihre Beobachtungen stören können. SpaceX hat versprochen, die Bedenken der Wissenschaftscommunity ernst zu nehmen. Die Satelliten würden beständig angepasst, so das Unternehmen, um die Störungen mehr und mehr zu minimieren. Aber ob das Problem sich auf diese Weise tatsächlich lösen lässt, wird man sehen.

»Starlink« ist die bekannteste und größte der Konstellationen, wie man solche Anordnungen von Satelliten nennt, die einem gemeinsamen Ziel dienen. Aber längst nicht die einzige: »OneWeb« und Amazons »Project Kuiper« sind ernst zu nehmende Konkurrenten, auch viele weitere Firmen bauen gerade Satellitenverbünde auf. Und selbst wenn man die Sterne nicht mit wissenschaftlichem Interesse, sondern allein zur seelischen Erbauung betrachtet, muss einem klar sein: Unser Nachthimmel wird durch die Megakonstellationen nie wieder so aussehen wie vorher. Wir laufen Gefahr, irgendwann vor lauter Satelliten keine Sterne mehr zu sehen.

Klar ist aber auch: Satelliten machen unser Leben in vielen Fällen einfacher. Das Internet aus dem All ist für strukturschwache Gegenden interessant. Während bandbreitenverwöhnte Großstädter darauf vielleicht nicht zwingend angewiesen sind, nutzen ihre Handys einen weiteren satellitenbasierten Dienst, ohne den unser modernes Leben kaum noch denkbar wäre: die Navigationsfunktion, über die so gut wie jedes Smartphone heutzutage verfügt. Am bekanntesten ist das amerikanische »Global Positioning System«, kurz »GPS«, dessen erste Satelliten in den Achtzigerjahren noch militärisch genutzt wurden. Damals und auch noch in den Neunzigern wurden die Signale für zivile Nutzer zunächst künstlich schlechter gemacht – aus militärischen Gründen.

Doch etwa seit der Jahrtausendwende ist das vorbei. Präzisionsnavigation hilft uns beim Auto- und Fahrradfahren genauso wie beim Bergwandern. Sie ist auch aus Industrie und Landwirtschaft nicht mehr wegzudenken. Das amerikanische »GPS« hat außerdem längst Gesellschaft im All bekommen, vom europäischen »Galileo«, dem russischen »Glonass« und dem chinesischen »Beidou«-System. Ohne dass wir Nutzer es wissen, nutzen viele Geräte inzwischen auch mehr als ein System, sollte ein Verbund doch einmal ausfallen. Dass dieses Risiko besteht, mussten etwa die Europäer im Juli 2019 erleben. Damals gab das »Galileo«-System tagelang den Geist auf. Grund waren Probleme in einem der Kontrollzentren am Boden, die sich im bayerischen Oberpfaffenhofen und im italienischen Fucino befinden.

Für den Aufbau und den Unterhalt eines Navigationssystems ist staatliches Geld nötig, viel staatliches Geld. Auch das haben die Europäer inzwischen lernen müssen. Ursprünglich sollte das milliardenteure Galileo-System nämlich gemeinsam von öffentlicher Hand und Industrie aufgebaut werden. Doch eine öffentlich-private Partnerschaft (PPP) zerbrach. Das Projekt wurde am Ende durch Umschichtungen im EU-Haushalt vor dem Scheitern gerettet. Und auch ein anderes wichtiges europäisches Satellitenprojekt existiert nur, weil man bei der EU-Kommission in Brüssel und der Europäischen Weltraumorganisation Esa in Paris verstanden hat, dass man wichtige Infrastrukturen im All notfalls auch mit staatlichem Geld aufbauen sollte, in der Hoffnung, dass sich aus der Nutzung der Daten dann wirtschaftliche Aktivität entwickelt.

Die Rede ist vom Erdbeobachtungsprogramm »Copernicus« mit seinen »Sentinel«-Satelliten. Die Flotte dieser Wächter aus dem All wächst ständig. Zu ihr gehören Radarsatelliten, denen auch Nacht und Wolken nichts ausmachen, optische Satelliten, die Informationen zu Pflanzenzustand und Bodenfeuchte liefern, Späher für die Meeresoberfläche und die Atmosphärenqualität. Weitere »Sentinels« sollen in den kommenden Jahren folgen, die sich zum Beispiel der Überwachung von Treibhausgasen und der Erdtemperatur widmen sollen.

Die Satelliten »Sentinel-2A« und »Sentinel-2B« bilden das Herzstück der Familie. Die beiden identischen kühlschrankförmigen Kisten sind rund dreieinhalb Meter groß und haben eine Masse von jeweils 1,1 Tonnen. Die 2015 und 2017 gestarteten Zwillingssatelliten tasten die Erdoberfläche aus einer Höhe von knapp unter 800 Kilometern detailliert ab. Von dort schicken sie ihre Daten per Laser zur Erde. Sie erreichen theoretisch alle fünf Tage jeden Punkt der Erde. Ihre Energie beziehen die »Wächter«, so die Übersetzung des Namens, von einem Solarsegel.

Die Navigation an Bord der goldfarbenen Präzisionsgeräte übernimmt ein GPS-Gerät, Sternenkameras unterstützen die Orientierung. Diese sogenannten »star tracker« nutzen die Positionen von Fixsternen.

Zur bildgebenden Technik gehört ein multispektrales Aufnahmegerät. Es liefert Bilder mit einem 290 Kilometer breiten Abtaststreifen und einer Auflösung von zehn Metern nicht nur im Bereich des sichtbaren Lichtes, sondern auch im infraroten Spektrum. Der sogenannte MSI, der multispektrale Imager, sammelt das von der Erde und der Atmosphäre reflektierte Licht mit einem Teleskop aus drei Spiegeln. Dabei wird die Strahlung in Spektralkanäle mit unterschiedlichen Wellenlängenbereichen aufgeteilt – je nachdem, was man auf der Erde beobachten möchte.

Das »Copernicus«-Programm ist nicht nur für Umweltwissenschaftler interessant. Auch Landwirtschaft, Verkehrsplanung und Katastrophenhilfe können die Satellitendaten des wohl ambitioniertesten Erdbeobachtungsprogramms aller Zeiten nutzen. Was dabei möglich ist, zeigt exemplarisch auch die Zusammenarbeit zwischen europäischen »Sentinel«-Satelliten und solchen des kanadischen Unternehmens GHGSat. Durch die gemeinsame Auswertung der Daten wird es nämlich möglich, Lecks in Pipelines sowie Öl- und Gasanlagen zu finden, durch die Methan in die Erdatmosphäre gelangt. Das Treibhausgas wirkt 25-mal stärker als Kohlendioxid. Durch die Satellitentechnik ist es möglich, Methanlecks räumlich stark einzugrenzen und die Verantwortlichen zu identifizieren, egal ob es um chinesische Kohleminen oder Ölanlagen im texanischen Permbecken geht.

Die »Copernicus«-Daten dürfen von jedermann weltweit verwendet

Ein »Sentinel-2«-Satellit im All (künstlerische Darstellung)

werden, egal ob Behörde, Firma, Privatperson oder NGO. Auch zahlreiche Bilder in diesem Buch stammen von den »Sentinel«-Satelliten. Manche der Aufnahmen muten merkwürdig an: Sie zeigen beispielsweise eine unnatürliche Rotfärbung, die von einer fotorealistischen Darstellung deutlich abweicht. Dann handelt es sich meist um ein sogenanntes Falschfarbenbild. Sie entstehen durch die nachträgliche Bearbeitung der Bilddaten. Bestimmte Bereiche werden dann einer Farbe zugeordnet – so sind sie besser zu erkennen. Beispielsweise zeigen die Bilder der »Sentinel-2«-Satellitenmission Vegetation üblicherweise in Rot. Das liegt daran, dass Pflanzen Nahinfrarot und grünes Licht reflektieren, während sie rotes Licht absorbieren.

Erdbeobachtungsprogramme wie das amerikanische »Landsat«-Programm zeigen, welche Rolle der Blick aus dem All auf unseren Planeten heute spielt. Satelliten vermessen das Schwerefeld der Erde, die Größe des Ozonlochs über den Polen, die Entwaldung der Regenwälder. Der weltweite Flugzeugverkehr wird mittlerweile aus dem All genauso verfolgt wie das Schmelzen des Eises in Arktis und Antarktis.

Ebenso lässt sich unerlaubte Fischerei präzise mit Satelliten verfolgen. Illegaler, und unregulierter Fischfang ist ein Milliardengeschäft, das weltweit nach Schätzungen ein Drittel aller Fänge ausmacht. Die Folgen für die Ökosysteme sind dramatisch. Radarsatelliten können helfen, dagegen vorzugehen. Sie lassen sich nicht durch Nacht und Wolken stören. Und wer diese Beobachtungen in den Weiten der Weltmeere mit den Daten abgleicht, die ebenfalls häufig auf Satelliten angebrachte AIS-Empfänger liefern, die Abkürzung steht für »Automatic Identification System«, kann all die Boote herausfiltern, die ihre Identität bewusst verschleiern. Bei ihnen lohnt es sich auf jeden Fall, genauer hinzuschauen.

Das muss man dann allerdings am Boden tun, zum Beispiel mit Booten der Fischereiaufsicht. Ohnehin, Satelliten können uns aus dem All auf Probleme aufmerksam machen. Lösen müssen wir sie auf der Erde. Daran erinnert auch Esa-Astronaut Matthias Maurer in seinem Geleitwort für dieses Buch.

In den kommenden Jahren werden sowohl die schiere Anzahl als auch die Qualität der Satellitenbilder weiter stark zunehmen. Wir werden in Echtzeit sehen können, wie der Mensch seine Heimat prägt und verändert. Und wir werden beinahe schmerzlich erkennen, wie schön und schützenswert die Erde ist. In der Daten- und Bilderflut den Überblick zu behalten, ist nicht einfach. Wir haben genau das für dieses Buch versucht.

Jörg Römer und Christoph Seidler

1 Stadt, Land, Fluss

Das wundersame Antlitz der Welt

Unsere Erde ist der schönste Planet des gesamten Universums. Das ist natürlich eine Behauptung, die sich nach dem derzeitigen Stand der Technik nicht prüfen lässt, jedenfalls nicht durch uns Menschen. Vielleicht gibt es ja irgendwo in den Weiten des Weltalls eine noch schönere Welt, die bisher von uns unerkannt um ihren Stern kreist. Wer weiß das schon?

Aber solange wir es nicht wissen, sollten wir uns an der Erde erfreuen. Aus wohl keiner Perspektive wird diese Schönheit so spürbar wie von oben. Die berühmte »blue marble«, das Foto, das die Besatzung der US-Mondmission »Apollo 17« im Dezember 1972 aufnahm, wurde auch deshalb zu einer ikonenhaften Darstellung, weil sie die Schönheit unseres Planeten durch die Perspektive aus dem Weltall offenbarte. Damals waren die Menschen noch nicht daran gewöhnt, ständig Bilder unserer planetarischen Heimat zu betrachten.

Aber nicht zuletzt die Satellitentechnik hat uns überhaupt erst einen umfassenden Blick auf unseren Planeten verschafft. Um die Erde ganz zu begreifen, brauchen wir den Blick aus dem Weltall. »Mich erstaunen Leute, die das Universum begreifen wollen, wo es schwierig genug ist, in Chinatown zurechtzukommen«, hat Woody Allen einmal gesagt. Nun, gerade die Eroberung des erdnahen Alls per Satelliten könnte dem Regisseur die Orientierung in Chinatown leicht machen. Er müsste dazu nur auf sein Smartphone schauen, das längst in der Lage ist, Satellitendaten zu verarbeiten. Nahezu jeder Winkel des Globus lässt sich heute durch Satelliten einsehen.

In diesem Kapitel nehmen wir Sie mit an vielleicht für manche unbekannte oder seltsame Orte. Die Expedition führt durch die schroffe Landschaft einer abgelegenen Insel im Atlantik, an das Delta eines der längsten Flüsse der Erde in Russland oder in die brennend heißen Wüstengebiete Israels und Namibias.

Die Kirche am Ende der Welt

*Die Insel Südgeorgien gehört zu den
abgelegensten Regionen des Planeten, sie
ist nahezu unbewohnt. Und doch steht hier
die einst südlichste Kirche der Welt.*

Für viele Weihnachtsromantiker ist es die Idealvorstellung: Die Bescherung am 24. Dezember am Kamin in einem Häuschen zu verbringen, das am besten inmitten einsamer Natur steht. Wenn dann draußen leise der Schnee rieselt, ist das Bild perfekt.

Solche Bedingungen finden sich in Mitteleuropa immer seltener – schließlich ist man selbst in weiten Teilen der Alpen weder einsam, noch sind diese Regionen schneefest. Doch nun möchten wir Ihnen ein Eiland vorstellen, auf dem Sie garantiert ein ziemlich besinnliches Fest erleben würden: Südgeorgien.

Die rund 160 Kilometer lange und bis zu 30 Kilometer breite Insel garantiert völlige Einsamkeit, und auch mit dem Schnee könnte es klappen, wie diese Aufnahme zeigt, die von der Europäischen Weltraumorganisation Esa im Februar 2018 veröffentlicht wurde. Südgeorgien liegt auf der Südhalbkugel, und eigentlich herrscht gerade Hochsommer. Aber der fällt hier etwas frostiger aus.

Sie sollten allerdings etwas Zeit für die Anreise einplanen. Denn es gibt nicht sehr viele Regionen auf dem Planeten, die noch schlechter zu erreichen sind. Südgeorgien und die Südlichen Sandwich-Inseln liegen mitten im Südatlantik, zwischen Feuerland und der Antarktis. Bis zur Küste von Argentinien sind es rund 1700 Kilometer. Sie könnten eine der etwa 60 Schiffspassagen nutzen, die die Insel jährlich erreichen. Oder Sie chartern sich eine Jacht auf den Falklandinseln oder in Südamerika.

Südgeorgien, 1775 von James Cook entdeckt, ist Teil des britischen

Die Kirche von Grytviken

Überseegebiets – das heißt, man zahlt hier mit Britischen Pfund. Wenn man denn etwas kaufen könnte. Denn das Shoppingangebot dürfte eher spärlich ausfallen, es mangelt einfach an Bevölkerung. Südgeorgien ist nahezu unbewohnt, nur zwei Regierungsbeamte samt Ehepartnern sollen ganzjährig auf der Insel leben. Dazu kommen einige Wissenschaftler, die auf Forschungsstationen in King Edward Point die Flora und Fauna erfassen.

Das heißt aber nicht, dass es keine Freizeitangebote gäbe. Wenn Sie etwa ein Faible für raue und karge Landschaften, eisige Kälte sowie anspruchsvolle bis alpine Gewaltmärsche haben, dann könnten Sie ins bergige Landesinnere vordringen oder sich an den Aufstieg des nahezu

3000 Meter hohen Mount Paget machen. Wer etwas für Kultur übrighat, der kann sogar eine Ausstellung besuchen. Das Südgeorgien-Museum hat Exponate zur Geschichte der Robben- und Walfangjagd zu bieten. Es steht in der inzwischen verlassenen Siedlung Grytviken, einer ehemaligen Walfangstation. Im Grunde ist der ganze Ort ein Museum.

Im Sommer leben im 1914 erbauten Museumshäuschen zudem einige Mitarbeiter, sie machen den Rest der knapp mehr als zwei Dutzend Inselbewohner aus. Besucher gibt es auch gelegentlich, sie stammen vor allem von Kreuzfahrtschiffen, die hier haltmachen.

Wer sich für so eine Reise entscheidet, der sollte vor allem Interesse an der Tierwelt haben. Denn die größte Population auf Südgeorgien sind die etwa fünf Millionen Seehunde sowie 65 Millionen Vögel, dazu zählen etwa die riesigen Albatrosse. Auch Wale kann man beobachten. Zudem gibt es eine Gedenkstelle für eine berühmte Persönlichkeit, die hier begraben ist.

Der legendäre britische Entdecker Ernest Shackleton, dessen Forschungsschiff anno 1915 in der Antarktis vom Eis zermalmt worden war, hatte die Insel in einem offenen Rettungsboot erreicht, um Hilfe für seine Crew zu organisieren. Seine letzte Expedition, 1922, führte ihn noch einmal nach Grytviken, wo er einen Herzinfarkt erlitt. An ihn erinnert das Shackleton's Memorial Cross.

Zum Schluss vielleicht noch ein kleiner Weihnachtstipp: In Grytviken steht auch noch eine kleine Kirche, die Whalers Church. Man hatte sie einst in Einzelteilen aus Norwegen hierhergebracht. Als der Ort bewohnt war und in der Kirche Messen stattfanden, galt sie als die südlichste Kirche der Welt. Seit Grytviken verlassen und es still in dem Gotteshaus wurde, ist der Titel an ein Gotteshaus in Puerto Williams in Chile übergegangen. Auch in der Antarktis steht eine kleine russisch-orthodoxe Kirche auf King George Island.

Deshalb ist auch das weiße Gebäude mit dem gelben Kreuz in Grytviken inzwischen ein Zeugnis aus längst vergangenen Zeiten. Geweiht wurde die Whalers Church übrigens an Weihnachten im Jahr 1913.

Jörg Römer

Im Herzen der Wüste

In Israels Negev-Wüste klafft ein riesiger Krater. Doch es war kein Meteorit aus dem All, der diese besondere Landschaft geformt hat.

Es gibt einen Raum im Besucherzentrum von Mitzpe Ramon, in dem wohl mancher Gast das Gefühl hat zu fliegen. Halbrund angeordnete Panoramaglasscheiben erlauben einen Blick von oben auf eine fast außerirdisch anmutende Landschaft: Vor den Besucherinnen und Besuchern erstreckt sich der 500 Meter tiefe Ramon-Krater, ein besonders spektakulärer Teil der Negev-Wüste.

Für Fans von »Star Wars« sieht es hier aus wie auf dem Planeten Tatooine, für andere zumindest wie auf dem Mars. Israelische Forscher haben im Krater bereits trainiert, wie eine Mission auf dem Roten Planeten ablaufen könnte.

Ein Bild des US-Satelliten »Landsat 8« vom Februar 2020 zeigt die staubtrockene Schramme in der Erdkruste. Der 40 Kilometer lange und zwischen zwei und zehn Kilometer breite Krater ist nicht etwa durch den Einschlag eines Meteoriten entstanden. Vielmehr haben Erosionsprozesse die Landschaft geformt.

Vor mehr als 200 Millionen Jahren bildete das Gebiet den Grund des damals existierenden Tethysmeeres, einer riesigen Bucht im Osten des Superkontinents Pangäa. Als sich das Wasser zurückzog, gab es einen bis dahin verborgenen unterseeischen Hügel frei. Dieser wurde in der darauffolgenden Zeit von den Kräften der Erosion bearbeitet: Wind und Wasser trugen sein Material nach und nach ab.

Dabei entstand im Hügel ein Loch wie in einem kariösen Zahn, weil der weiche Kalkstein im Inneren schneller verschwand als das Gestein an den Rändern. So entstand das heute sichtbare Tal. Auf dem Satelli-

Der Ramon-Krater in der Negev-Wüste

tenbild kann man die Vertiefung auf den ersten Blick für eine Erhebung halten. Das ist jedoch eine optische Täuschung, die Reliefumkehr genannt wird.

Weil das Gebiet des Kraters so abgelegen und vergleichsweise wenigen Störungen ausgesetzt ist, wurden dort verschiedene Tierarten gezielt ausgewildert. Dazu zählen Esel und Oryxantilopen.

Seit dem Jahr 2017 gehört der Ramon-Krater außerdem zu den Sternenparks der International Dark Sky Association (IDA). Das bedeutet, dass Himmelsbeobachter dort auf besonders gute Bedingungen hoffen können – weil kaum Lichtverschmutzung den staunenden Blick auf die

Pracht der Sterne stört. Dazu wurde zum Beispiel die Straßenbeleuchtung angrenzender Ortschaften so angepasst, dass sie möglichst wenig nach oben strahlt.

In Deutschland haben sich Gebiete in Brandenburg, im Dreiländereck Thüringen-Hessen-Bayern, in Nordrhein-Westfalen und Bayern entsprechend zertifizieren lassen. Doch im Nahen Osten ist der Titel eine absolute Ausnahme, der Ramon-Krater steht als bisher einziger Ort der Region auf der IDA-Liste. In der trockenen Wüstenluft bietet sich Astro-Fans ein einmaliger Blick auf das Band der Milchstraße am Firmament.

Die Landschaft des Ramon-Kraters hat einst, so heißt es, auch den israelischen Soldaten Ilan Wolferman fasziniert. Jedenfalls wählte er beim Eintritt in die Luftwaffe seines Landes ihren Namen und hieß fortan Ilan Ramon. Als Kampfpilot war er an einem der spektakulärsten Einsätze seiner Armee beteiligt: Als jüngster von insgesamt acht Piloten nahm er im Juni 1981 an der sogenannten »Operation Opera« teil, der Bombardierung eines irakischen Atomreaktors nahe Bagdad.

In seiner gesamten militärischen Karriere brachte es Ramon auf rund 4000 Flugstunden. 1997 wurde der Pilot dann in einem Kooperationsprojekt mit der US-Weltraumbehörde Nasa als Astronautenkandidat ausgewählt. Anfang 2003 flog er als erster Bürger Israels mit dem Space Shuttle »Columbia« ins All, zusammen mit vier Amerikanern und zwei Amerikanerinnen.

Bei der Rückkehr zur Erde zerbrach die Raumfähre rund eine Viertelstunde vor der geplanten Landung. Grund waren Schäden am Hitzeschild, die man bei der Nasa zwar kannte, aber nicht ernst genommen hatte. Ramon und alle anderen Besatzungsmitglieder starben.

Ramons sterbliche Überreste wurden geborgen und in Israel bestattet. Im Besucherzentrum von Mitzpe Ramon gibt es deswegen nicht nur ein Panoramafenster mit großartigem Ausblick, eine Ausstellung erinnert außerdem an den verstorbenen Raumfahrer, der die Wüste so liebte.

Viele Jahre ist nach seinem Tod kein Mensch aus Israel ins All geflogen. Im Herbst 2020 gab dann der Investor Eytan Stibbe bekannt, als Weltraumtourist mit einer Kapsel der US-Firma SpaceX zur Internationalen Raumstation reisen zu wollen. Er war einst als Kampfflieger unter Ramons Kommando im Einsatz und ein Freund des verunglückten Astronauten. Organisiert wird Stibbes Flug von der Ramon Foundation.

Christoph Seidler

Der Irrtum des
Kapitäns James Cook

Die Banks-Halbinsel gehört zu den schönsten

Naturspektakeln Neuseelands. Doch der

große James Cook hatte es einst eilig, als er

hier war – und machte einen kartografischen

Schnitzer.

James Cook gilt zweifellos als einer der größten Entdecker der Geschichte. Der britische Kapitän segelte im Dienst der Royal Navy im 18. Jahrhundert um die Welt und erkundete vor allem den Pazifik und die Südsee. Cook galt als umsichtiger Analytiker mit vielen Talenten. Er machte sich nicht nur Gedanken über die gefürchtete Krankheit Skorbut, sondern war auch ein hervorragender Kartograf.

Aber im Februar 1770 unterlief dem sonst so peniblen Cook eine Schlamperei. Mit der legendären »Endeavour« segelte er die Ostküste von Neuseelands Südinsel entlang, als er auf eine beeindruckende Landmasse aufmerksam wurde, die sich ins Meer zog. Hügel mit einer zerklüfteten Küstenlinie ragten fast tausend Meter in die Höhe. Cook beschrieb seine Entdeckung als kreisförmigen, kargen Flecken Land, der eher »den Anschein von Unfruchtbarkeit als Fruchtbarkeit erweckte«. Und weil er das flache Land hinter den Bergen nicht sehen konnte, zeichnete er in seiner Karte eine Insel ein. Daneben schrieb er »Banks's Island« – nach dem Botaniker Joseph Banks, der mit ihm an Bord war. Cook schien die vermeintliche Insel nicht näher zu interessieren, und er segelte weiter.

Hätte er das Land genauer erkundet, wären ihm die beiden Naturhäfen im Norden und im Süden mit ihren breiten Buchten sicher nicht entgangen. Vor allem hätte der Kapitän aber entdeckt, dass er auf seiner Karte einen Fehler eingezeichnet hatte. Denn Banks Peninsula, so der heutige Name seiner Entdeckung, ist nur eine Halbinsel.

Geformt hat sie das Material von zwei erloschenen Vulkane vor etwa

Blick über die Banks-Halbinsel

acht Millionen Jahren. Einbrüche in den Kraterwänden führten später zur Bildung der beiden langen, schmalen Häfen – Meerwasser drang ein. Heute liegt die Stadt Lyttelton eingekesselt von den steilen Hängen der ehemaligen Caldera, einer fast kreisrunden Formation infolge des Ausbruchs, im Norden der Banks Peninsula. Die Halbinsel wird von vielen weiteren kleinen Buchten umrahmt, die ihr aus der Luft eine zahnradartige Form verleihen.

Die Hügel der Banks Peninsula stehen in starkem Kontrast zu dem angrenzenden, flachen Land der Südinsel. Diese Ebene, die Canterbury Plains, erstreckt sich etwa 80 Kilometer landeinwärts von der Küste bis zu den Ausläufern der Neuseeländischen Alpen. Die Canterbury Plains werden von zahlreichen Feldern durchzogen. Aus der Region stammen viele landwirtschaftliche Produkte wie Weizen, Gerste, Schafwolle oder Fleisch. Im Vergleich zur Nordinsel ist der südliche Teil von Neuseeland dünner besiedelt. Auf dem Satellitenbild ist Christchurch, die mit rund 350 000 Einwohnern größte Stadt, etwas links oberhalb der Banks Peninsula zu sehen.

Auffällig sind auch die Flusssysteme auf dem Bild, das die Esa-Satellitenmission »Sentinel-2« im Januar 2019 aufgenommen hat. Sie bringen Wasser aus den Südalpen ins Meer. Oberhalb von Christchurch liegt der Waimakariri, doch der mächtigste ist der Rakaia, der auf der linken Seite zu sehen ist. Er ist einer der größten verzweigten Flüsse Neuseelands und fließt etwa 150 Kilometer weit, bevor er in den Pazifischen Ozean mündet. Das Türkis des Meeres deutet auf Sedimente hin, die durch diesen Strom in den Ozean getragen werden.

Zwischen dem Rakaia-Fluss und der Banks-Halbinsel liegt der Ellesmere-See, die Maori nennen ihn »Te Waihora«, das bedeutet »sich ausbreitendes Wasser«. Der See ist eigentlich eine flache Lagune, deren smaragdgrüne Farbe höchstwahrscheinlich auf eine hohe Konzentration von Chlorophyll zurückzuführen ist. Nur ein schmaler Streifen Land trennt ihn vom Meer.

Wäre James Cook der Küste an diesem Punkt einst etwas näher gekommen, hätte er den See vielleicht entdeckt. Ziemlich wahrscheinlich hätte er aber bemerkt, dass »Banks's Island« eben keine Insel ist. Der Fehler wurde erst 1809 erkannt, als der Kapitän Samuel Chase mit der

»Pegasus« vergeblich versuchte, zwischen der Insel und dem Festland hindurchzusegeln. Nach dem Schiff ist die Küstenlinie vor Christchurch benannt, die Pegasus Bay. Aber jahrzehntelang war sie auch unter einem anderen Namen bekannt: »Cook's Mistake« oder auf Deutsch: »Cooks Fehler«.

Jörg Römer

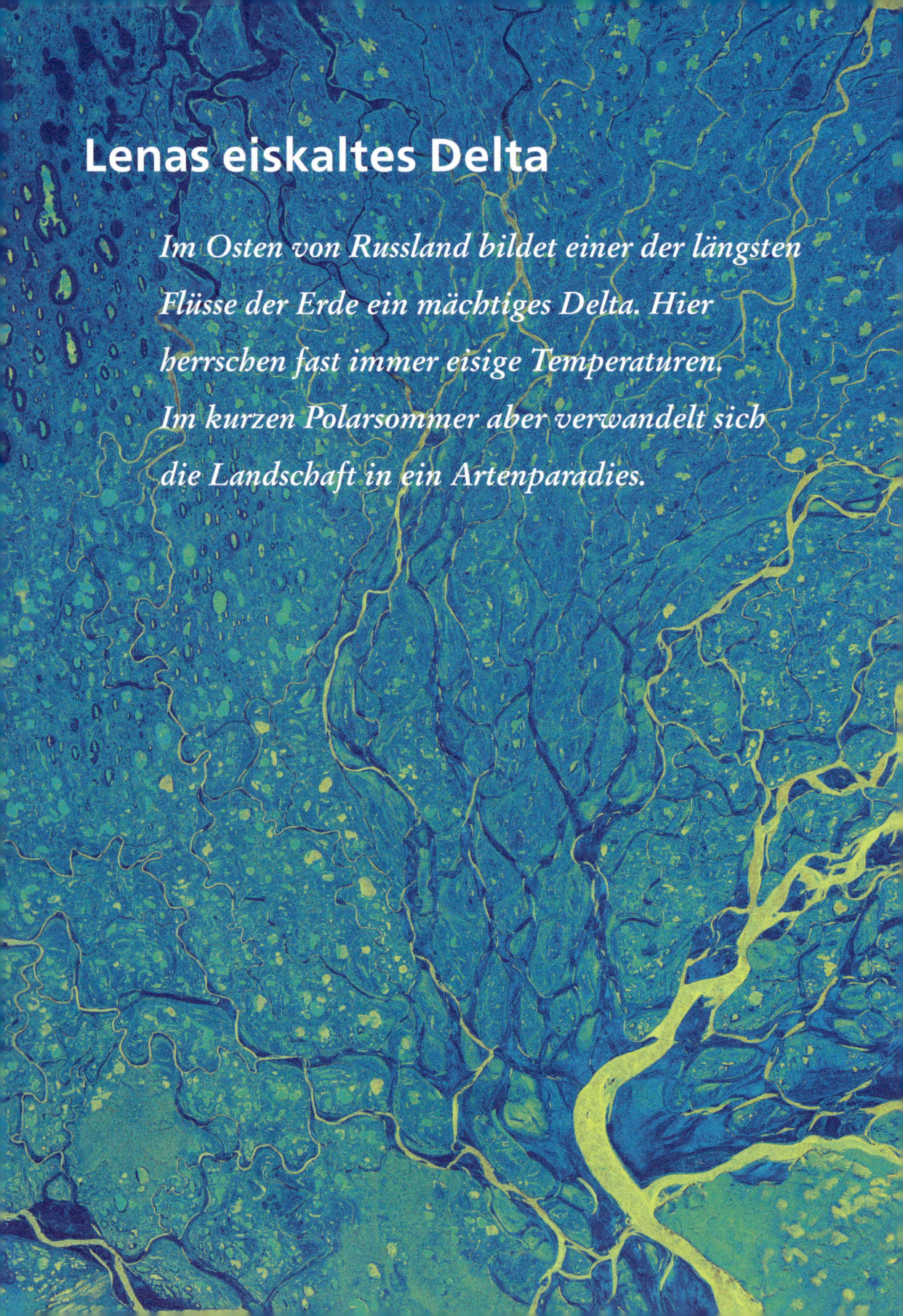

Lenas eiskaltes Delta

Im Osten von Russland bildet einer der längsten Flüsse der Erde ein mächtiges Delta. Hier herrschen fast immer eisige Temperaturen. Im kurzen Polarsommer aber verwandelt sich die Landschaft in ein Artenparadies.

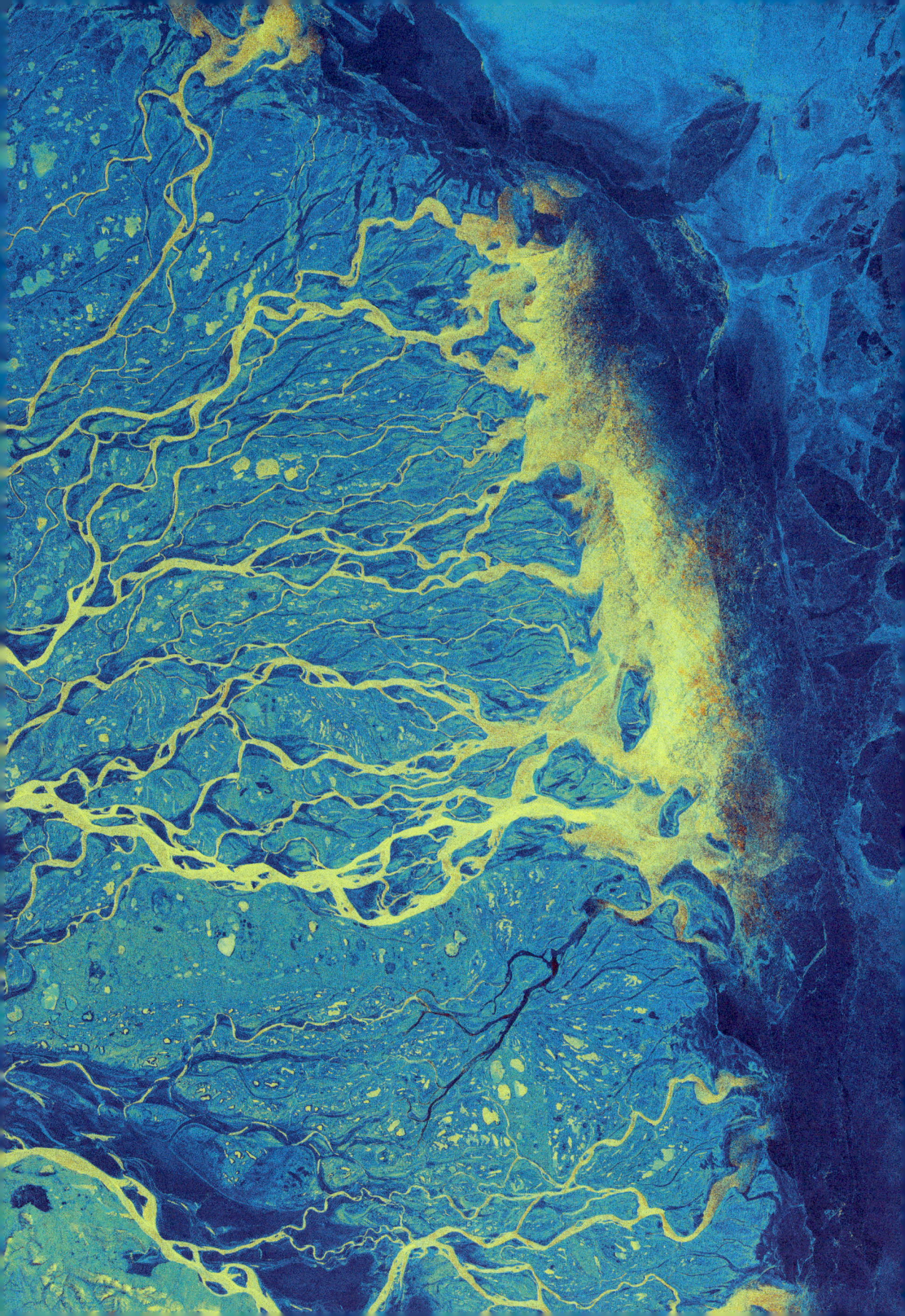

Den Nil in Afrika kennen Sie. Auch vom Amazonas in Südamerika haben Sie schon gehört. Vielleicht ist Ihnen auch der Kongo in Afrika oder der Jangtse in China ein Begriff. All diese Wasserläufe stehen auf den ersten zehn Plätzen der Liste der längsten Flüsse der Welt.

Aber kennen Sie auch die Lena? Der Fluss steht auf Rang zehn der Rekordliste. Er bringt es auf fast 4300 Kilometer. Nach einer etwas anderen Definition, die einen Nebenstrom dazuzählt, sind es sogar nahezu 4700 Kilometer. Der Kongo ist nur unwesentlich länger. Dass die Lena trotzdem nur vergleichsweise wenigen Leuten ein Begriff ist, liegt wohl auch daran, dass sie durch ausgesprochen dünn besiedeltes Gebiet fließt.

Die Lena entspringt nahe dem mächtigen Baikalsee in Sibirien, dem erdgeschichtlich ältesten und tiefsten Süßwassersee des Planeten, in fast 1500 Metern Höhe. Dann fließt sie nach Norden, bevor die Wassermassen sich plötzlich in weit mehr als hundert kleine Flussarme auffächern: Sie haben das weitverzweigte Lena-Mündungsdelta erreicht – es ist das größte der Arktis. Genau diese Region ist auf dem Satellitenbild zu sehen.

Das Delta formt eine besondere Landschaft: Die schneebedeckte Tundra ist fast das ganze Jahr über zugefroren. Der Permafrost reicht in eine Tiefe von mehr als 500 Metern, die Jahresdurchschnittstemperatur liegt bei unter minus zehn Grad. Nur im kurzen Polarsommer taut ein Teil des Bodens an – er verwandelt sich dann in ein fruchtbares Feuchtgebiet und blüht. Es entsteht ein 32 000 Quadratkilometer großes Paradies für arktische Wildtiere.

Hunderte kleine Seen und Teiche bieten Wassertieren Lebensraum. Zugvögel leben auf mehr als 1 500 Inseln, die permanent ihre Form verändern, weil Sediment angeschwemmt und wieder abgetragen wird. Schwäne, Gänse und Enten brüten in den Feuchtgebieten. Politisch gehört die Region zu Jakutien, der russischen Republik Sacha. 1995 wurde das Lenadelta-Reservat zum größten Naturschutzgebiet Russlands ausgebaut.

Auf der Aufnahme, die die europäische »Sentinel-1«-Satellitenmission gemacht hat, sind die Flussarme wie feine Äderchen zu sehen und in Gelb dargestellt. Das Bild wurde am 14. Januar 2019 aufgenommen, am Höhepunkt des arktischen Winters, und zeigt eine große Menge Eis in den Gewässern rund um das Delta. Das Eis ist türkis eingefärbt, es ist vor allem auf dem arktischen Meerwasser vor der Küste zu erkennen. Hier schwimmen mehrere große Eisplatten.

Jörg Römer

Sandmeer

Die Wüste Namib gehört zu den extremen

Orten der Erde. Regen fällt so gut wie keiner.

Dennoch gibt es einige Überlebenskünstler,

die sich hier durchschlagen.

Ungläubig ging der Gelehrte in die Knie, so etwas hatte er wahrhaftig noch nicht gesehen. Dabei durchstreifte der in Österreich geborene Arzt und Botaniker Friedrich Welwitsch schon seit sechs Jahren im Auftrag der portugiesischen Regierung deren damalige Kolonie Angola. Sein Auftrag war es, systematisch Pflanzen- und Tierarten aufzuspüren, die der Forschung in Europa bis dahin noch nicht bekannt waren. Anfang September 1859, Welwitsch war zwischen den heutigen Orten Namibe und Tomboa in der Wüste Namib unterwegs, stieß er auf höchst seltsame Pflanzen: Aus einem kurzen, verholzten Stamm wuchsen zwei – und zwar wirklich nur zwei – lange, an den Enden zerfaserte Blätter.

Und obwohl sie nicht wirklich so aussahen, lebten die eigenartigen Kreaturen. An der Basis der Blätter befand sich eine Wachstumszone, die offenbar beständig neues Material produzierte. An der Spitze dagegen waren die Blätter verwittert. Besonders kurios: Welwitsch fiel auf, dass es das wundersame Gewächs in einer männlichen und einer weiblichen Version gab – und dass es sich um einen Nacktsamer handelte, also um einen entfernten Verwandten von Nadelbäumen wie Tanne oder Fichte. Das passte nun aber so gar nicht hierher! Deswegen kniete der Forscher lange vor der Pflanze im heißen Sand – um sicherzugehen, dass er sich nicht täuschte.

Botaniker wissen mittlerweile, dass die Welwitschie, so heißt die Pflanze nach ihrem Entdecker, tatsächlich nur in der Wüste Namib existiert, womöglich sogar in zwei Unterarten, und dass sie extrem langsam wächst. Einzelne Exemplare können viele Hundert Jahre alt werden. Sie sind perfekt an die Extrembedingungen angepasst, die in ihrem Lebensraum herrschen: So trocken wie in der Namib ist es nur an wenigen Orten des Planeten. Vor allem der Westen der in Namibia und Angola gelegenen Wüste bekommt mit durchschnittlich etwa fünf Litern pro Jahr und Quadratmeter extrem wenig Regen ab. Nur in Teilen der Atacama-Wüste in Südamerika liegen die Werte ähnlich niedrig.

Die Tagestemperaturen können leicht 50 Grad überschreiten – und nachts in Richtung des Gefrierpunktes fallen. Der Welwitschie macht all das nichts aus. Raffiniert versorgt sie sich mit Wasser: Eine bis zu drei Meter lange Pfahlwurzel zapft, wo vorhanden, wohl die Grundwasservorkommen an. Dazu kommt ein weitverzweigtes oberflächennahes Geflecht aus zahllosen Haarwurzeln, das Feuchtigkeit aus in den Morgenstunden regelmäßig auftretendem Nebel für die Pflanze nutzbar macht. Weil sich die Blätter außerdem durch die Produktion von Pigmenten gezielt verfärben können – bei starker Sonneneinstrahlung werden sie rötlich – verfügen sie über einen eingebauten Schutzmechanismus.

Die Namib ist 2000 Kilometer lang, aber nur bis zu 160 Kilometer breit. Sie misst rund 95 000 Quadratkilometer, das entspricht in etwa der Größe Portugals. Nicht die gesamte Fläche wird von Dünen bedeckt, aber rund ein Drittel des Gebiets gehört als Namib-Sandmeer sogar zum Welterbe der Unesco.

Der für die Welwitschie so lebenswichtige Nebel bildet sich an der Atlantikküste, wo das kalte Meerwasser des atlantischen Benguelastroms auf warme und feuchte Luftmassen trifft. Der entstehende Nebel wird mit dem Wind ins Landesinnere geweht.

Je nach Tageszeit und Feuchtigkeit haben die Dünen der Namib daher auch verschiedene Farben. Ein Bild des US-Satelliten »Landsat 8« aus dem November 2019 zeigt exemplarisch diese sandige Vielfalt. Der Wind ist als beherrschende Kraft für die Formen der Landschaft verantwortlich. Er trägt neben dem Nebel nämlich auch den Quarzsand von der Küste ins Landesinnere, wo sich die Dünen bilden. Das Material wurde einst als Sediment im Oranjefluss ins Meer gebracht. Dieser

Eine Welwitschie in der Namib

fließt am südlichen Ende der Wüste in den Atlantik. Der orangerote Farbton geht auf die chemische Verbindung Eisenoxid zurück.

Das Satellitenbild zeigt in Nord-Süd-Richtung verlaufende Längs- oder Lineardünen. Sie entstehen, wenn die Windrichtung um jeweils etwa 40 Grad variiert und dadurch der Sand von beiden Seiten zusammengefegt wird. Die Längsdünen erheben sich etwa 100 Meter über den Boden. Allerdings gibt es in der Namib auch Dünen, die deutlich höher werden, etwa die bis zu 380 Meter hohe Düne »Big Daddy« im zentralen Bereich der Wüste. Die Längsdünen verästeln sich in zahlreiche weitere Dünen. Auch dafür sind Luftströmungen verantwortlich, aber auch Hindernisse begünstigen die Sandablagerungen.

An manchen Stellen der Wüste ist noch das unter dem Sand liegende

Gestein zu sehen. Die höchsten dieser Aufschlüsse erreichen bis zu 300 Meter und liegen in der Nähe der sogenannten Großen Randstufe. Durch diese wird die Küstenebene, in der die Wüste liegt, vom Binnenhochland von Namibia und Südangola getrennt.

Die Namib ist bis zu 80 Millionen Jahre alt und gilt als eine der ältesten Wüsten des Planeten. Seit rund 65 Millionen Jahren, also etwa seit der Spätzeit der Dinosaurier, so schätzen Forscher, existiert hier die Welwitschie. Mindestens. Sie ist also ein lebendes Fossil.

Der Botaniker Welwitsch berichtete im Jahr 1860 erstmals über seinen spektakulären Fund. Zunächst schickte er einen Brief an seinen Kollegen William Jackson Hooker, den Leiter der Royal Botanic Gardens in London. Darin beschrieb er die Entdeckung. Zwei Jahre später brachte er dann auch Proben auf den Weg, um die sich nun Joseph Dalton Hooker, der Sohn, kümmerte. Er beschrieb Welwitschs Entdeckung auch wissenschaftlich.

Natürlich kannten die Menschen im Süden von Afrika die Pflanze schon seit Langem. Das zeigte sich auch in dem Namen, den der Entdecker vorgeschlagen hatte: Tumbo. Die Angolaner nannten das Gewächs nämlich »n'tumbo«, was so viel wie »Stumpf« bedeutet. Die Herero sprachen von »onyanga«, der »Wüstenzwiebel«. Und auf Afrikaans nennt man die Überlebenskünstlerin »Tweeblaarkanniedood«, »Zwei-Blatt-kann-nicht-sterben«.

Doch Hooker benannte die Pflanze nach Welwitsch, für den Artnamen ergänzt um das lateinische Wort »mirabilis«, also »erstaunlich« oder »wunderbar«. Die Bedeutung des Fundes würdigte er so: »Dies ist ohne Frage die wunderbarste Pflanze, die je in dieses Land gebracht wurde, und eine der hässlichsten.«

Die Welwitschie hat es trotzdem zu einigen Ehren gebracht. So ist sie im Wappen Namibias zu finden. Außerdem trägt die Rugby-Nationalmannschaft des Landes stolz ihren Namen – »The Welwitschias«.

Christoph Seidler

Braune Brühe in Québec

Wie sieht das denn aus? Eine trübe Brühe schwappt in einer kanadischen Bucht. Es gibt aber eine simple Erklärung für das Phänomen.

Ja, natürlich, wir wissen es. Man darf keine »Fifty Shades of …«-Wortspiele mehr machen. Darf man echt nicht. Ist schon lange nicht mehr lustig. Was auf eine Art natürlich schade ist, sonst hätte sich die Überschrift für diesen Text ja quasi selber geschrieben. Denn es sind mindestens 50 Schattierungen – in diesem Fall allerdings der Farbe Braun – die auf dem Bild zu bestaunen sind. Aber egal.

Also ganz nüchtern: Die Aufnahme stammt vom US-Satelliten »Landsat 8« und entstand Ende Juli 2016. Sie zeigt ein ziemlich menschenleeres Gebiet im Norden der kanadischen Provinz Québec. Die 32 Kilometer lange und 16 Kilometer breite Rupert Bay liegt am südöstlichen Rand der James Bay – und ganz offensichtlich bringen Flüsse ziemlich charakteristisch gefärbtes Wasser dort hinein.

Genau genommen sind es drei größere Flüsse, die in die Rupert Bay münden: der Nottaway, der Broadback und der namensgebende Rupert. Alle drei zusammen werden von Kanadiern manchmal mit den Initialen NBR abgekürzt.

Außerhalb des Landes dürften freilich bisher die wenigsten von den Gewässern gehört haben, zu Unrecht, könnte man anführen: So hat zum Beispiel der Nottaway mit 1200 Kubikmetern pro Sekunde eine größere mittlere Durchflussmenge als der deutlich bekanntere Rhein an der Grenze zwischen Deutschland und der Schweiz. Der Rupert kommt immerhin noch auf 900 Kubikmeter pro Sekunde, der Broadback auf 350 – das ist übrigens vergleichbar mit der Mosel bei Cochem.

In den Sechzigern und Siebzigern hatte es Vorarbeiten für ein System von Wasserkraftwerken an den NBR-Flüssen gegeben, vorangetrieben vor allem vom damaligen Premierminister von Québec, Robert Bourassa. Anderswo in der Provinz wurden riesige Dämme und Kraftwerke gebaut. Doch die NBR-Flüsse blieben am Ende verschont. Allerdings wird zumindest ein Teil des Rupert-Wassers in ein anderes Stauseesystem gelenkt, seit sich die Regierung und die in dem Gebiet lebenden Cree-Indianer geeinigt haben.

Wie aber kommen nun die braunen Töne in das Wasser der Rupert Bay? Vielleicht zur Beruhigung: Mit Ölkatastrophen oder ähnlich unappetitlichen Dingen hat das Ganze nichts zu tun. Stattdessen sorgen Pflanzenstoffe wie Tannine und Lignin für die Färbung des Flusswassers. Sie stammen aus Wurzeln, Blättern oder Rindenstückchen, die in den riesigen Wäldern im Norden von Québec ins Wasser fallen.

Vergleichbar sei das, so heißt es bei der Nasa, mit dem Prozess, durch den Tee beim Aufbrühen seine Farbe bekommt. Zu dem faszinierenden Farbspiel auf dem »Landsat«-Bild kommt es, weil im Wasser der Rupert Bay offenbar große Mengen an gelöstem Sediment zu finden sind. Die sind hellbraun und kontrastieren hervorragend mit dem Dunkelbraun aus den Flüssen. Wo sich die Wassermassen vermischen, kommt es zu den faszinierenden Effekten.

Verstärkt wird das Ganze noch dadurch, dass zum Zeitpunkt der Aufnahme des Fotos nicht nur das Flusswasser vom Land aus in die Bucht strömt, sondern durch die Gezeitenwirkung auch Meerwasser aus der James Bay. Dadurch wird besonders viel hellbraunes Sediment vom Boden der flachen Bucht aufgewirbelt.

Christoph Seidler

Geheimnisvolles Glimmen

Einst waren sie ein extrem exotisches Phänomen, heute sind sie in Sommernächten regelmäßig am Himmel zu bestaunen. Doch Leuchtende Nachtwolken bergen noch immer viele Geheimnisse.

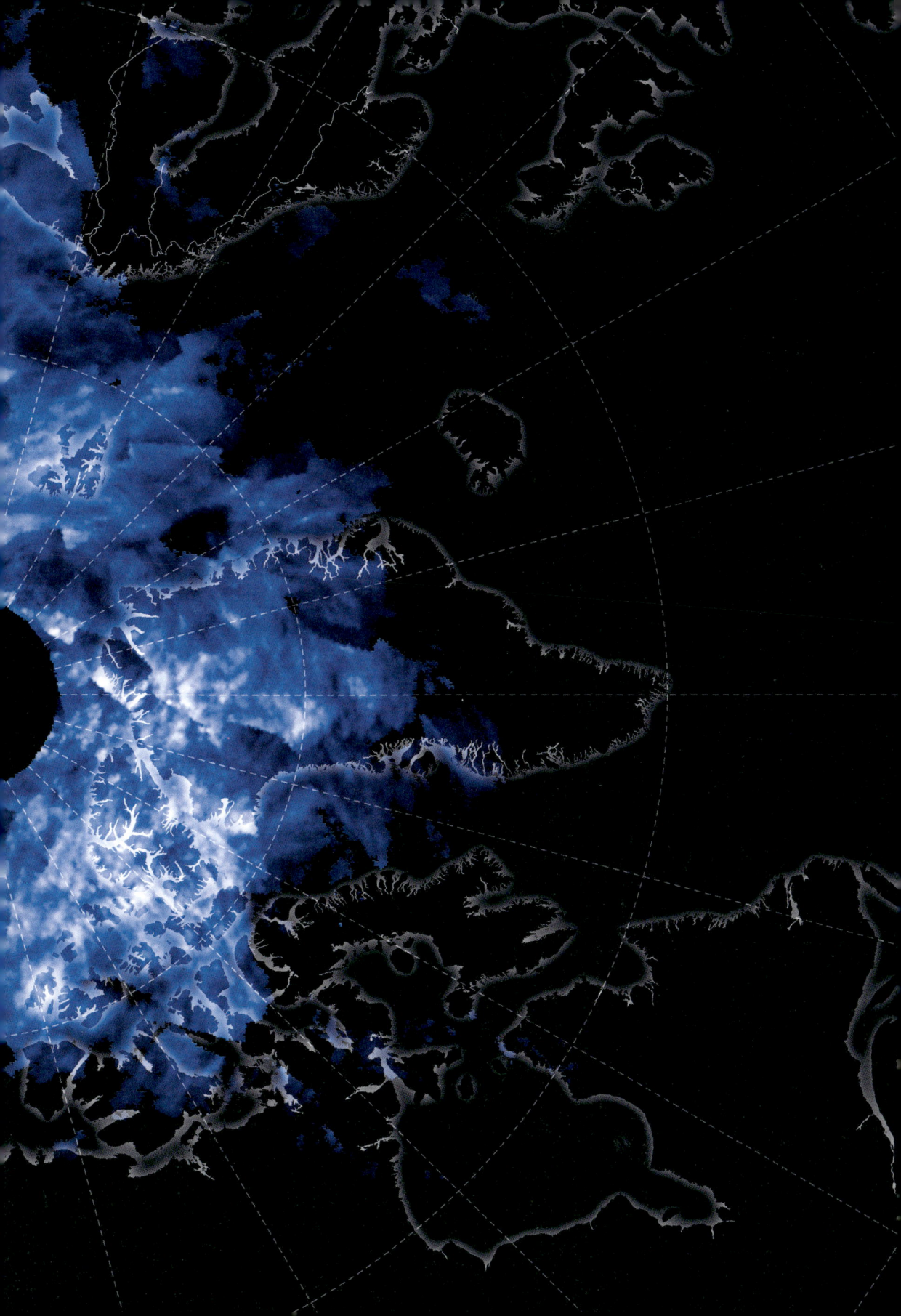

Ein sonderbares Licht zeigte sich in den Sommernächten des Jahres 1885 immer wieder am Himmel über Europa. Mal war es deutlich nach Sonnenuntergang zu sehen, zwischen zehn und elf Uhr abends, mal in der Morgendämmerung zwischen drei und vier Uhr früh. Dann schimmerten kurz über dem Horizont, mal im Nordosten, mal im Nordwesten, feine, silbrige Wolken, wie man sie vorher noch nicht gesehen hatte.

Zu den ersten Beobachtern zählte der Astronom Otto Jesse in Berlin. Er prägte auch den Namen, unter dem das Phänomen bis heute bekannt ist: Leuchtende Nachtwolken. Damals glaubte man, dass ihr Auftreten mit einem mächtigen Ausbruch des Vulkans Krakatau in der Sundastraße zwischen den indonesischen Inseln Sumatra und Java in Zusammenhang stand. Dabei waren nämlich 1883 große Mengen Asche und Wasserdampf in die Atmosphäre gelangt. Tatsächlich haben sich die Wolken aber als bleibendes Phänomen etabliert, wenngleich nicht in jedem Sommer gleich stark. Doch längst ist klar, dass nicht nur die damalige Eruption für das Lichtspiel verantwortlich gewesen sein kann. Zumal es auch vor dem Ausbruch schon Beobachtungen des Phänomens gab, wie man heute weiß.

Astronom Jesse berechnete die Höhe der nächtlichen Erscheinung – und kam auf einen spektakulären Wert: Die Leuchtenden Nachtwolken befinden sich mehr als 80 Kilometer über dem Erdboden, also rund achtmal so hoch wie normale Wolken. In der sogenannten Mesopause, so nennt man diese Schicht der Erdatmosphäre an der unteren Grenze zum Weltraum, ist es mit bis zu minus 140 Grad Celsius extrem kalt. Dort können sich unter bestimmten Bedingungen winzige Eiskristalle bilden – und zwar, wenn die Temperaturen niedrig genug sind. Paradoxerweise ist das vor allem im Sommer der Fall.

Werden die Wolken in der großen Höhe von der unter dem Horizont stehenden Sonne angestrahlt, reflektieren sie das Licht. So leuchten sie, auch wenn es am Boden bereits dunkel ist. Ein Bild des Nasa-

Leuchtende Nachtwolken über der Burg Hazmburk im Böhmischen Mittelgebirge

Satelliten »Aeronomy of Ice in the Mesosphere«, kurz »AIM«, von Juni 2019 zeigt Leuchtende Nachtwolken in der Nordpolarregion. Es ist aus mehreren Einzelaufnahmen zusammengesetzt. Direkt am Pol ist ein schwarzes Loch zu sehen, dort waren keine Beobachtungen möglich.

Der Grund dafür ist die Umlaufbahn, auf der sich »AIM« in rund 550 Kilometern um die Erde bewegt. Wie die meisten Erdbeobachtungssatelliten befindet er sich in einem sogenannten sonnensynchronen Orbit. Das bedeutet, dass der Satellit ein bestimmtes Gebiet der Erde jeweils zur gleichen Tageszeit überfliegt. So lassen sich die einzelnen Aufnahmen besser vergleichen beziehungsweise – wie hier – zusammensetzen.

Aus Gründen der Bahnmechanik führen sonnensynchrone Bahnen

an den Erdpolen entlang, aber nicht ganz genau darüber. Das bedeutet, dass es dort jeweils eine Zone gibt, die nicht beobachtet werden kann. Im Fall der Leuchtenden Nachtwolken ist das aber grundsätzlich kein Problem: Sie sind in der immerwährenden Sonne des Polartags am Pol ohnehin nicht zu sehen.

Ende des 19. Jahrhunderts waren die Leuchtenden Nachtwolken ein exotisches Phänomen. Heutzutage sind sie dagegen einigermaßen regelmäßig im Sommer zu entdecken. Der Großteil der Berichte stammt bisher von der Nordhalbkugel. Das Phänomen tritt normalerweise zwischen 50 und 70 Grad nördlicher Breite auf – also in Europa etwa zwischen Köln und Tromsø – jeweils in den Sommermonaten. Dann ist es in der entsprechenden Atmosphärenschicht besonders kalt, und die Eiskristalle können sich bilden.

Als Kristallisationskeime dienen ihnen wohl Staubpartikel, die beim Verglühen von Meteoren entstehen. Wenn Sie in einer Sommernacht eine Sternschnuppe beobachten, verglüht diese nämlich ziemlich genau in derselben Höhe, in der auch die Leuchtenden Nachtwolken auftreten.

Dass es das Phänomen mittlerweile deutlich häufiger gibt als früher, könnte eine Folge des menschgemachten Klimawandels sein. Forscher gehen von einem Zusammenhang mit den stetig steigenden Emissionen des Treibhausgases Methan aus. Das sorgt nämlich offenbar dafür, dass der Wassergehalt der Stratosphäre steigt – und damit auch mehr Wasser die Mesopause erreichen kann. Dort bildet sich dann das Eis, das von der Sonne angestrahlt wird. Einen Einfluss auf das Auftreten hat wohl auch die Sonnenaktivität. In Jahren, in denen diese schwächer ausgeprägt ist, sind normalerweise mehr Wolken zu sehen.

Eigentlich sollte die Beobachtungsmission des Satelliten »AIM« nach dem Start im Frühjahr 2007 nur gute zwei Jahre dauern. Doch auch mehr als zehn Jahre später war das mit drei Instrumenten bestückte Observatorium immer noch in Betrieb. Die Langzeitdaten zeigen, dass

Leuchtende Nachtwolken tatsächlich zunehmend auch in niedrigeren Breitengraden auftreten.

Bemerkenswert an dem Satelliten ist übrigens nicht nur sein exotisches Beobachtungsobjekt, sondern auch die Art und Weise, wie er ins All befördert wurde. Die »Pegasus XL«-Rakete wurde nämlich zunächst vom Boden mit einem Spezialflugzeug des Typs Lockheed L-1011 TriStar von der kalifornischen Vandenberg Air Force Base in die Luft gebracht. Nur ein einziges Exemplar dieser Maschine fliegt noch, sie steht in Diensten des US-Unternehmens Northrop Grumman.

In etwa zwölf Kilometern Höhe wurde die Rakete dann vom Flugzeug abgekoppelt und zündete nach fünf Sekunden im freien Fall ihren eigenen Feststoffantrieb für den Weg in den Orbit. Der Vorteil eines solchen Ansatzes liegt auf der Hand: Die Rakete muss nicht durch die dichtesten Schichten der Atmosphäre fliegen, sie braucht deswegen deutlich weniger Treibstoff und kann kleiner gebaut werden. Insgesamt sind mehr als 40 Raketen mit über 90 Satelliten auf diese Weise gestartet worden. Zuletzt war die Maschine allerdings nur noch selten im Einsatz, wohl aus wirtschaftlichen Gründen. Die wiederverwendbaren Raketen von SpaceX haben die Startkosten massiv sinken lassen und bieten deutlich höhere Nutzlasten.

Der Start vom Jet aus kann trotzdem interessant sein – unter anderem für zeitkritische Missionen, die schnell ins All sollen. So bietet inzwischen mit Virgin Orbit eine weitere Firma ihre Transportdienste mit einem Flugzeug an, in diesem Fall wird eine umgerüstete Boeing 747 genutzt.

Noch immer gibt es bei den Leuchtenden Nachtwolken übrigens viel zu erforschen. Unter anderem wird darüber diskutiert, warum sie für starke Radarechos sorgen. Ein Erklärungsansatz ist, dass sich die Eispartikel womöglich einen dünnen Überzug aus Salz- und Metallverbindungen zulegen. Auch diese könnten von verglühten Meteoren stammen.

Christoph Seidler

In Schlangenlinien zum großen Fluss

Der Rio Javari im Westen Brasiliens bildet

die Grenze zu Peru. Ehe das Gewässer

in den Amazonas fließt, malt es ein paar

beachtliche Kringel in die Topografie.

Es sieht aus, als hätte ein Künstler im Rausch den Pinsel ein bisschen zu beschwingt über die Leinwand gleiten lassen. Die blaue Farbe dreht eine Schleife nach der anderen, immer ausladender werden die Kurven. Aber einen filigranen Flusslauf wie diesen kann man sich eigentlich nicht ausdenken. Er ist Realität und die Natur selbst die Künstlerin.

Die Aufnahme aus Südamerika zeigt den Rio Javari, der unterhalb des breiteren Amazonas in der Bildmitte von West nach Ost mäandert, zu seiner Mündung durch den tropischen Regenwald. Er entspringt in Peru, hier heißt er Yavarí.

Er fließt über 1000 Kilometer und bildet fast auf seiner gesamten Länge die Grenze zwischen Brasilien und Peru. Aber bevor der Javari in einem großen Dreieck aus Wasser, das zwei Inseln einschließt, in den von Nordwest kommenden Amazonas fließt, stößt von Süden noch der Itaquai dazu. Auch er dreht ein paar Extrarunden durch den Urwald.

Dass Flüsse Schleifen bilden, also mäandern, liegt an unterschiedlichen Fließgeschwindigkeiten im Strom. Zu den Veränderungen im Flusslauf kommt es, weil Pflanzen oder Gestein auf dem Boden bei geraden Flüssen Querströmungen erzeugen. Sie drücken gegen das Ufer und bauen dort Sediment ab. So entstehen kleinere Biegungen und Buchten.

Auch der Amazonas ist ein unruhiger Geist. Sein Bett wechselt ständig die Gestalt. Er gilt mit einer Breite zwischen 1,6 und zehn Kilometern als der breiteste Fluss der Welt. In der Regenzeit weitet er sich an manchen Stellen auf rund 50 Kilometer aus. Die Folgen seiner ständig wechselnden Strömung sind weitere Flussbetten. Sie sind auf der Aufnahme

als dünne Linien zu erkennen, die sich um den Hauptfluss herum in Wellen legen. Die Aufnahme, die der Esa-Satellit »Sentinel-1« im März 2019 gemacht hat, liegen Radardaten zugrunde. Für das Falschfarbenbild wurden zwei Datensätze miteinander kombiniert. Normalerweise wären sie schwarz-weiß. Bebaute Gebiete wurden in hellem Türkis eingefärbt. Die beiden Städte Tabatinga und Leticia sind nahe dem rechten Bildrand zu erahnen. Die beige Farbe auf dem Bild zeigt den umliegenden Amazonaswald. Durch diese Landschaft muss der Amazonas erst noch fließen, bis er seine Mündung am Atlantik erreicht. Insgesamt legt er über 6800 Kilometer zurück – das entspricht der Strecke von New York City nach Rom.

Jörg Römer

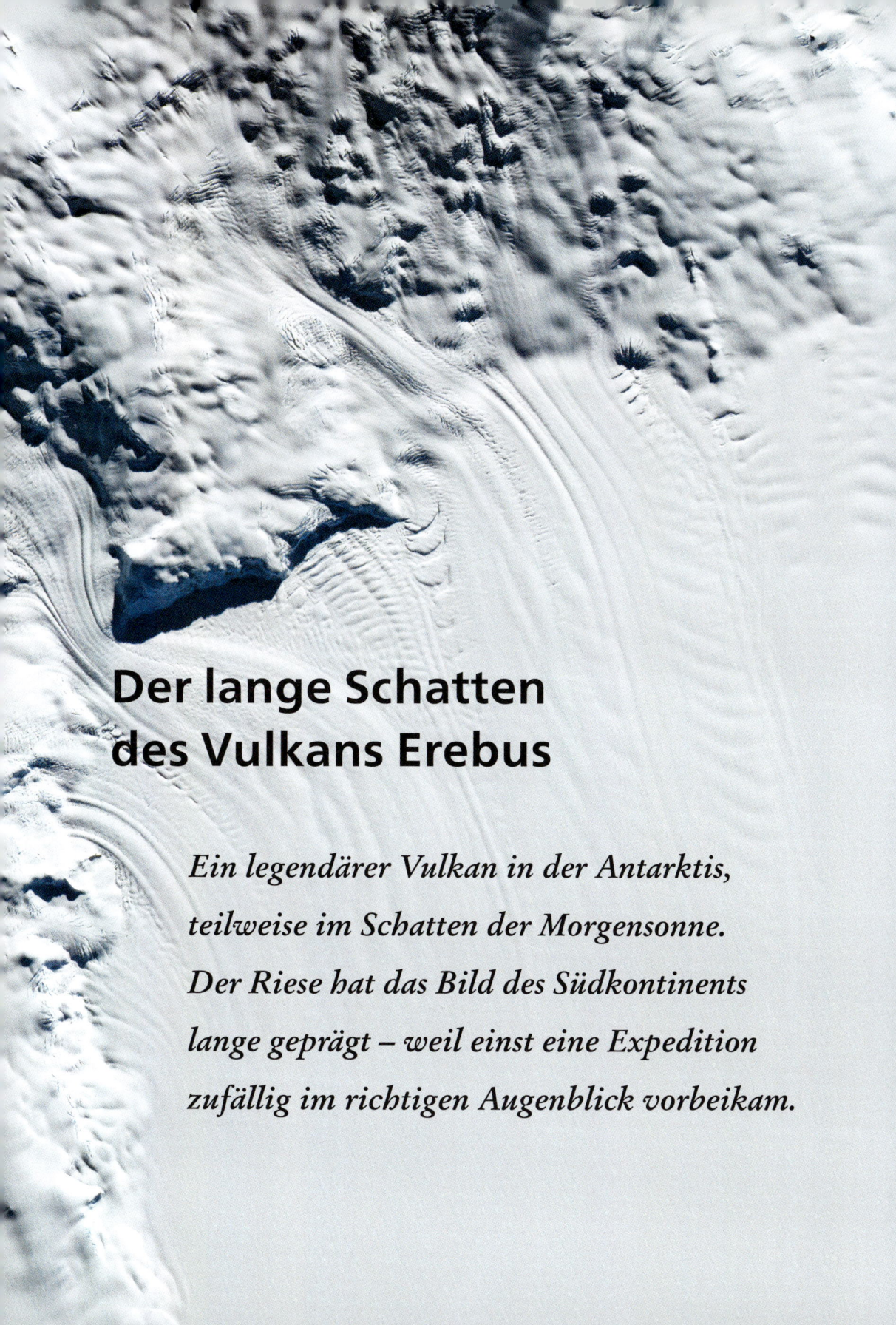

Der lange Schatten
des Vulkans Erebus

*Ein legendärer Vulkan in der Antarktis,
teilweise im Schatten der Morgensonne.
Der Riese hat das Bild des Südkontinents
lange geprägt – weil einst eine Expedition
zufällig im richtigen Augenblick vorbeikam.*

Die Antarktis, weiß man heute, ist weitgehend eine eisige, platte Wüste. Schnee und Eis bilden eine schier endlose Weite um den Südpol. Der antarktische Eisschild, die größte Eismasse der Erde, erstreckt sich Millionen Quadratkilometer über das Land.

Dabei war die Vorstellung der Menschen vom Südkontinent lange Zeit eine ganz andere. Das hängt mit einem Ereignis zusammen, das sich vor fast 180 Jahren zugetragen hat. Es sollte das Antarktisbild in der Welt lange prägen: Als der berühmte britische Entdecker Sir James Clark Ross im Januar 1841 mit seiner Expedition durch das Südpolarmeer fuhr, entdeckte er auf einer Insel mächtige Vulkane. Der höchste ragte fast 3800 Meter in den Himmel, er ist auf diesem Bild zu sehen.

Die Crews von Ross' Forschungsschiffen »HMS Erebus« und »HMS Terror« wurden Zeugen eines Ausbruchs des Riesen. Begeistert beschrieben sie die Eruptionen in ihren Notizbüchern. Die Schilderungen in den später veröffentlichten Berichten ließ die Antarktis als Region von Feuer und Eis erscheinen, in der mächtige Vulkane die Landschaft beherrschen. Das Bild hielt sich lange.

Ross benannte zwei der Vulkane sogar nach seinen beiden Schiffen. Der Mount Erebus ist bis heute der südlichste aktive Vulkan der Erde und seit Jahrzehnten ununterbrochen aktiv. In seinem Krater glüht ein Lavasee. Gelegentlich steigen darin Gasblasen auf, der See fängt an zu brodeln. Dabei können geschmolzene Gesteinsbrocken Hunderte Meter in die Höhe geschleudert werden.

Die Aufnahme hat der Nasa-Erdbeobachtungssatellit »Terra« im Oktober 2019 gemacht, aus 700 Kilometern Höhe. Die Daten stammen vom Aster-Instrument des Satelliten. Es nimmt Bilder in 14 verschiedenen Spektralkanälen auf – vom Bereich des sichtbaren Lichtes bis hin zum thermischen Infrarot. Aus den Daten komponieren die Nasa-Forscher dann ein Bild.

Als das Bild am Morgen aufgenommen wurde, stand die Sonne noch sehr tief und beleuchtete nur die Osthänge des Vulkans. Der warf einen mächtigen Schatten nach Westen.

Trotz seiner abgeschiedenen Lage untersuchen Forscher regelmäßig die Aktivität des Erebus. In nur 35 Kilometern Entfernung betreiben die Amerikaner die größte Forschungseinrichtung in der Antarktis. Auf der McMurdo-Station leben Dutzende Wissenschaftler bei Jahresdurchschnittstemperaturen von unter minus 17 Grad Celsius in einer der abgelegensten Siedlungen der Erde.

Der Mount Erebus brachte es zu einiger Bekanntheit, auch weil sich hier 1979 ein tragisches Flugzeugunglück mit vielen Toten ereignete. Bei einem Rundflug prallte eine Maschine von Air New Zealand gegen den Berg, alle 257 Menschen an Bord kamen ums Leben.

Aber der Erebus ist nicht das einzige herausragende Wahrzeichen des Kontinents. Auf der Liste der höchsten Antarktis-Berge liegt er nur auf Platz 18. Der Mount Vinson führt das Ranking an und ist gut 1000 Meter höher. Ganz so flach ist die Antarktis dann doch nicht.

Jörg Römer

Schatz im rosa Salzsee

Der Magadisee in Kenia erscheint aus dem All in rötlicher Farbe. Grund dafür sind gewaltige Salzmengen, die dem Wasser zu seinen bemerkenswerten Eigenschaften verhelfen.

Es gibt Lebensräume, bei denen man schwer glauben kann, dass sie überhaupt als solche in Frage kommen. In diese Kategorie fallen auch der Natronsee in Tansania und der benachbarte Magadisee in Kenia. Ihr Salzgehalt ist extrem hoch – und doch beherbergen die Seenlandschaften eine erstaunliche Artenvielfalt.

Die Satellitenmission »Sentinel-2« der Europäischen Weltraumorganisation Esa hat die Seen im Februar 2019 aus dem All fotografiert. Der Natronsee in der Bildmitte ist fast 60 Kilometer lang und erscheint in der Aufnahme recht dunkel. Doch der Eindruck täuscht: Häufig strahlt der See in hellem Rosa oder Rot – ähnlich wie der nordöstlich gelegene Magadisee, der am linken Bildrand zu erkennen ist. Verantwortlich dafür sind Milliarden Mikroorganismen, die sich von den Salzen in den Gewässern ernähren.

Im Wasser des Natronsees haben sich zudem verschiedene Buntbarscharten angesiedelt. Die Tiere sind extrem anpassungsfähig und können daher auch in Wasser mit sehr hohem Salzgehalt leben. Zur Einordnung: Der pH-Wert des Sees liegt, je nachdem, wie hoch das Wasser steht, bei 9 bis 10,5. Eine neutrale Flüssigkeit hat einen pH-Wert von 7, der See ist also stark alkalisch. Anders ausgedrückt: Das Wasser ist so salzig, dass Tierkadaver darin konserviert werden.

Während im Salzwasser des Sees, abgesehen von den Buntbarschen, nur wenige höhere Tierarten leben, haben sich im umliegenden Marschland mehrere Millionen Flamingos angesiedelt. Die Vögel ernähren sich von den roten Mikroorganismen im See und erhalten dadurch ihre rosa Gefiederfarbe. Auch das Umland des nahe liegenden Magadisees beherbergt zahlreiche Flamingos. Zudem leben auf dem salzigen Untergrund Gänse, Pelikane, Reiher und Schreiseeadler.

Der Salzgehalt des Magadisees ist so hoch, dass sich das Material stellenweise 40 Meter dick abgelagert hat. In seinem Wasser bildet sich aufgrund der Sättigung mit Salz zudem das seltene Mineral Trona. Es wird

Der Natronsee aus der Luft

aus dem See gewonnen und genutzt, um Glas herzustellen, Textilien einzufärben oder Papier zu produzieren.

Etwas rechts oberhalb des Natronsees ist der Vulkan Gelai im Bild zu erkennen. Er ist 2942 Meter hoch. Interessanter ist jedoch der unscheinbarer wirkende Vulkan ganz rechts unten in der Aufnahme: Der 2960 Meter hohe Ol Doinyo Lengai liegt ungefähr 20 Kilometer südlich des Natronsees. Seine Lava besteht zu großen Teilen aus Natriumkarbonat, auch bekannt als Soda. Große Mengen davon sind in dem See gelöst. Kein anderer Vulkan der Erde verfügt über Lava, die zu einem Großteil aus Natriumkarbonat besteht.

Julia Merlot

Die Trampolin-Inseln

Wer auf den Inseln im indischen See Loktak lebt, kann sich nicht sicher sein, wo er morgen aufwacht. Denn die Eilande schwimmen.

Wer ein Phumdi betritt, hat das Gefühl, auf einem riesigen Schwamm zu laufen. Als Phumdi werden in Indien Tausende von Inseln bezeichnet, die auf dem Loktak-See schwimmen. Auf diesem Falschfarbenbild der europäischen Satellitenmission »Sentinel-2« aus dem Mai 2021 sind sie als zarte grüne Kreise vor dem weißen Hintergrund des Sees erkennbar.

Die runden Inseln bestehen aus Pflanzen und anderem organischen Material, das eine mal mehr, mal weniger feste Landmasse bildet. Manche sind nur dünne Stege, die einen Kreis bilden. Andere sind größer und sogar bewohnt. Besonders solide ist der Untergrund jedoch nie. Deshalb hüpfen Besucher der Inseln, als würden sie über ein Trampolin laufen.

Wie bei einem Eisberg verbirgt sich der Hauptteil der Inseln unter Wasser, allerdings sind sie die meiste Zeit des Jahres nicht mit dem Grund des Loktak-Sees verbunden. Also treiben sie durch das Gewässer. Nur in der Trockenzeit, wenn der Wasserspiegel deutlich sinkt, erreichen die noch lebenden Wurzeln der Trampoline den Boden und können sich mit wichtigen Nähstoffen versorgen.

Für die Menschen der Region ist der Loktak überlebenswichtig, denn der größte Süßwassersee Indiens versorgt sie mit ausreichend Trinkwasser und bietet gleichzeitig ergiebige Fanggründe für die dort lebenden Fischer. Er wird deshalb auch die »Lebensader von Manipur« genannt, dem Bundesstaat, in dem der See liegt. Etwa 1500 Tonnen Fisch ziehen die Menschen hier jedes Jahr aus dem Wasser. Die Schule der Region liegt auf einer Insel mitten im See.

233 seltene Wasserpflanzenarten leben hier und 426 Tierspezies. Auf der größten Insel liegt der Keibul Lamjao Nationalpark – er gilt als das

Insel im Loktak

einzige schwimmende Naturschutzgebiet der Welt. Hier lebt auch der Sangai, besser bekannt als »tanzender Hirsch«. Die Hufe der Rehart haben sich an den weichen Untergrund angepasst. Der nur 40 Quadratkilometer große Park wurde eigens für die vom Aussterben bedrohten Tiere angelegt.

Die schwimmenden Inseln sind bedroht. Durch den Ithai-Staudamm, der in den Achtzigerjahren gebaut wurde, bleibt der Wasserstand im Loktak-See auch in der Trockenzeit hoch. Dadurch können die Wurzeln der Inseln nicht mehr ausreichend Nährstoffen aufnehmen – die Eilande brechen auseinander und gehen schließlich unter.

Julia Köppe

Flecken auf der grünen Lunge

Die Region um den Fluss Digul im indonesischen Urwald gilt manchen Ökologen immer noch als Terra incognita. Doch bevor sie eine der artenreichsten Regionen der Erde richtig erkunden können, werden immer größere Schneisen ins Paradies geschlagen.

Es ist nicht leicht, sich 750 000 Hektar Wald vorzustellen. Da hilft es auch wenig, wenn man weiß, dass diese Zahl rund dreimal der Fläche Luxemburgs entspricht. Aber genau so viel Regenwald wurde in der indonesischen Provinz Papua zwischen 2001 und 2019 gerodet. Der Blick vom Himmel vermittelt einen Eindruck von der Naturzerstörung in der Region. Das Bild der »Sentinel-2«-Satellitenmission vom Oktober 2018 zeigt das Ergebnis von Rodungsarbeiten am Fluss Digul.

Dabei ist immer noch wenig bekannt über das mehr als 500 Kilometer lange Gewässer und die Wälder an seinen Ufern. Das trübe Wasser des Flusses mäandert durch weitgehend sumpfiges Gebiet und mündet in einem großen Delta in die Arafurasee.

Unterhalb der mächtigen Flussschleifen haben Unternehmen Regenwald in Plantagen umgewandelt. Ein komplett intaktes Waldgelände wurde dafür in mehrere landwirtschaftlich und industriell genutzte Flächen transformiert. Dort wo vor Jahren noch viele Urwaldriesen standen, zerlegt nun ein Netz aus Parzellen und Wegen die Natur in rechteckige Blocks – fast wie in einer amerikanischen Großstadt.

Das Gebiet ist nur eines der betroffenen Waldstücke in Papua. Die Provinz ist Teil von Westneuguinea, dem indonesischen Teil der Insel Neuguinea.

Dabei war Papuas Wald lange von der Rodung verschont geblieben. Grund waren fehlende Straßen. Doch das änderte sich in den vergangenen zehn Jahren. Seit 2011 gibt es auch hier mehr wirtschaftliche Aktivitäten. Die Auswertung von Satellitendaten durch die University of Maryland ergab, dass gleich mehrere Flächen von Regenwald und Sumpfwald in größere Plantagen umgewandelt wurden.

Zu sehen sei auch, dass es entlang der Flüsse wahrscheinlich zu einem kleinteiligen Holzeinschlag kam, meint David Gaveau, Autor einer Studie über Entwaldungsaktivitäten in Papua. Der sei eher durch Kleinbauern zu erklären, die Böden für den Anbau von Lebensmitteln suchten. Einige Entwaldungen seien auch auf saisonale Brände zurückzuführen.

Insgesamt sind rund zwei Prozent des Inselwaldes in den vergangenen 20 Jahren zerstört worden, schätzt Gaveau. Der indonesische Regenwald ist im letzten Jahrhundert von 170 Millionen Hektar auf 98 geschrumpft. Davon wurden rund 28 Prozent für Industrieplantagen gerodet. Hier werden vor allem Ölpalmen und Bäume für Zellstoff angepflanzt, einem Rohstoff für die Papierherstellung. 23 Prozent der Fläche sind für landwirtschaftlichen Anbau bestimmt. Der Rest des Waldes ist dem Holzhunger, der Begradigung von Flüssen und dem Ausbau von Straßen zum Opfer gefallen.

Die Rodungen vernichten unwiederbringlich einen der artenreichsten Regenwälder der Erde: Er beherbergt zehn Prozent der weltweit bekannten Pflanzenarten, zwölf Prozent der Säugetierarten und 17 Prozent der Vogelarten. Indonesiens Wald erstreckt sich über rund 17.500 Inseln und ist zusammengenommen der drittgrößte Regenwald der Welt.

Die Artenvielfalt in Neuguinea ist nur teilweise katalogisiert, da die Insel als besonders unzugänglich gilt. Einst war sie mit Australien verbunden, deshalb leben hier ungewöhnliche Beuteltiere wie Baumkängurus. Unter den bemerkenswerteren Tieren der Insel befinden sich auch zwei Arten von eierlegenden Säugetieren wie der Ameisenigel.

Susanne Götze

Das kanadische Auge

Ein gigantischer Asteroideneinschlag vor mehr als 200 Millionen Jahren in der Wildnis, die heute als Kanada bekannt ist, zeigt, welche Kräfte bei kosmischen Kollisionen entstehen. Darauf vorbereitet ist die Menschheit bis heute kaum.

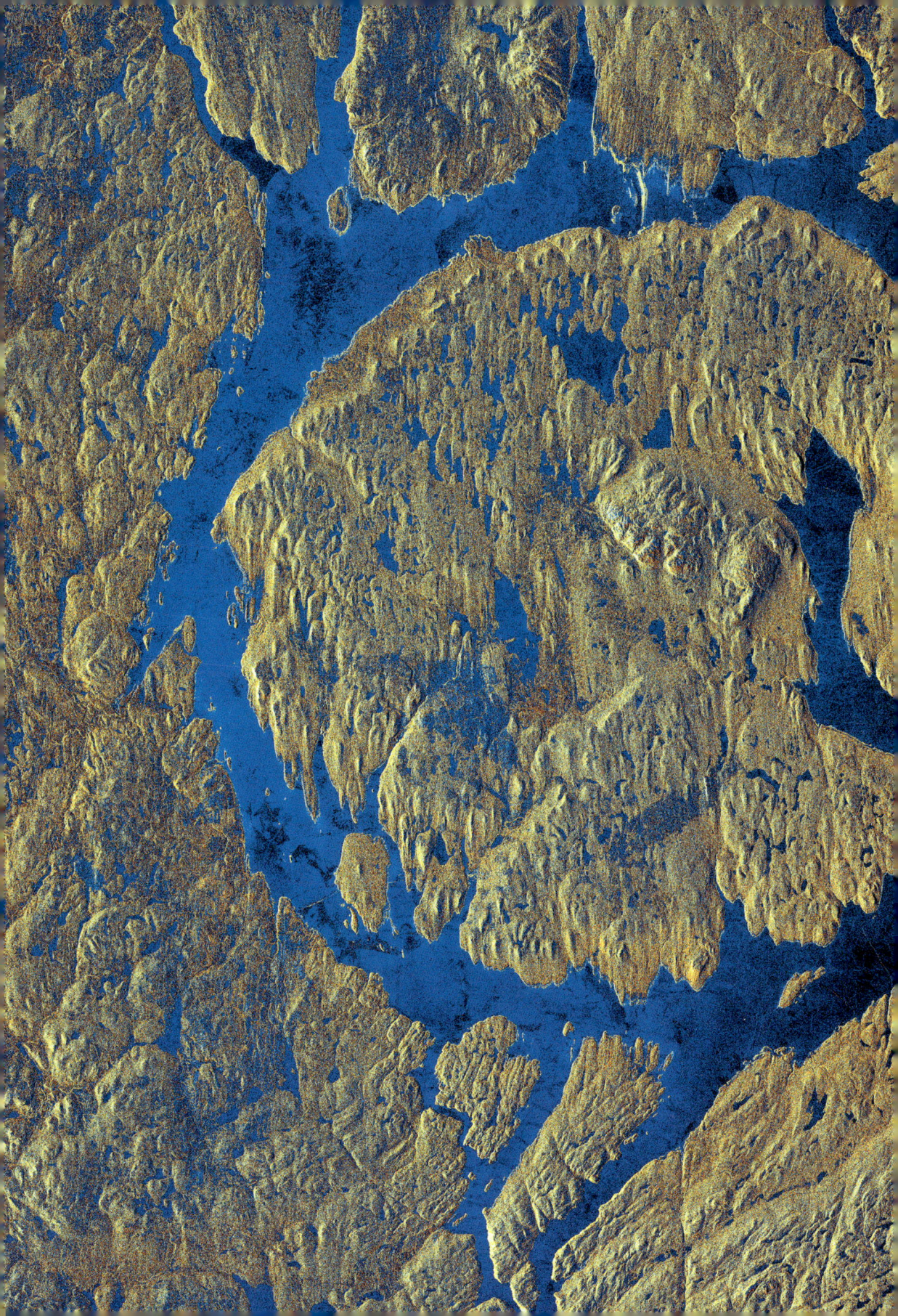

Wer Lust hat, sich ein bisschen zu gruseln, muss in klaren Nächten normalerweise nur einmal zum Himmel blicken. Die unzähligen kleinen – und vor allem großen – Krater auf dem Mond zeigen, welche Wucht der Einschlag eines Asteroiden hat. Auch unsere Erde wird regelmäßig von Flugkörpern aus dem All getroffen. Im besten Fall sind sie so winzig, dass sie in der Atmosphäre verglühen. Oder sie fallen irgendwo unbemerkt ins Meer.

Im schlechtesten Fall aber sorgen sie für eine globale Katastrophe wie das Exemplar mit etwa 15 Kilometern Durchmesser, das vor rund 66 Millionen Jahren im Golf von Mexiko einschlug und das Schicksal der Dinosaurier besiegelte. Der Krater dieses Chicxulub-Impaktor genannten Brockens liegt vor der Küste der mexikanischen Yucatán-Halbinsel, nur Fachleute können seine Spuren heute noch erkennen. Auch am Boden der Nordsee haben Forscherinnen und Forscher Hinweise auf einstige Einschläge entdeckt, unter dem Eis der Antarktis – und auch mehrere im frostigen Grönland.

Dass die Einschlagspuren auf der Erde längst nicht überall so gut erkennbar wie auf dem Mond sind, hat auch mit den Kräften der Erosion auf unserem Planeten zu tun, mit Wind und Wetter. Und mit dem Wachstum von Pflanzen, die verräterische Strukturen nach und nach verschwinden lassen. Manche Einschlagkrater zeigen sich heute nurmehr auf Satellitenbildern, so der einst bis zu 320 Kilometer lange und 180 Kilometer breite Vredefort-Krater in Südafrika oder auch das Nördlinger Ries und das Steinheimer Becken in Deutschland.

Ein beliebtes Fotomotiv ist auch der Manicouagan-Krater in der menschenleeren Wildnis der kanadischen Provinz Québec. Hier ist er

Die Staumauer am Manicouagan

auf einem Bild des europäischen Satelliten »Sentinel-1A« vom März 2015 zu sehen. Der Satellit ist in rund 700 Kilometern Höhe auf einer polaren Umlaufbahn unterwegs. Das bedeutet, dass seine Bahn einen Winkel von genau 90 Grad zum Äquator aufweist und er deswegen bei jedem Umlauf einmal den Nord- und den Südpol überfliegt. Währenddessen dreht sich die Erde unter ihm nach Osten, der Satellit kann nach und nach jeden Punkt des Planeten in den Blick nehmen.

»Sentinel-1A« tastet die Welt mit Radarstrahlen ab. Das hat einen Vorteil, denn im Gegensatz zu optischen Satelliten versperren ihm auch Wolken oder schlechtes Wetter nicht die Sicht. Die Falschfarbenaufnahme des Manicouagan-Kraters zeigt das eindrücklich. Blau eingefärbt wurden Wasser und Eis, Gelb und Orange stehen für Vegetation. Wobei die um diese Jahreszeit nach einem knackigen kanadischen Winter noch nicht wieder so richtig zum Leben erwacht sein dürfte, im März liegen die Durchschnittstemperaturen der Côte-Nord genannten Region der Labrador-Halbinsel noch immer unter dem Gefrierpunkt.

Der Manicouagan-Krater entstand vor etwa 214 Millionen Jahren beim Einschlag eines etwa fünf Kilometer großen Asteroiden. Er zählt zu den ältesten bekannten Impaktkratern der Welt – und mit einem Durchmesser von ursprünglich etwa 100 Kilometern auch zu den größten. Inzwischen ist die Struktur nicht mehr ganz so ausgedehnt, Sedimentablagerungen und Erosion sind dafür verantwortlich. Der aktuelle Durchmesser liegt aber immer noch bei rund 70 Kilometern.

Im Inneren des Kraters entstand beim Einschlag ein mächtiges Bergmassiv. Das ist nicht unüblich und hat damit zu tun, dass der Boden unter der Wucht des Einschlags zurückfedert. Der höchste Punkt trägt heute den Namen Mount Babel und liegt rund 950 Meter über dem Meeresspiegel. Benannt ist er nach dem schweizerischen Missionar Louis-François Babel, der Ende des 19. und Anfang des 20. Jahrhunderts im erzkonservativen Québec beim indigenen Volk der Innu wirkte – und sich unter anderem dafür stark machte, dass die Siedlungen der Europäer nicht die Jagdgebiete der traditionellen Bewohner beeinflussten.

Der Mount Babel liegt auf der René-Levasseur-Insel. Und die wiederum verdankt ihre Existenz dem Bau eines gigantischen Staudamms am Manicouagan-Fluss südlich des Kraters in den Sechzigerjahren des 20. Jahrhunderts. Dadurch entstand aus den deutlich kleineren, halbmondförmigen Seen Mushalagan und Manicouagan ein – je nach Stauhöhe – bis zu 1950 Quadratkilometer großes Gewässer mit der Insel in seiner Mitte.

Aus dem All sieht das Ergebnis aus wie ein riesiges Auge. Die Talsperre gehört mit einem Inhalt von teils mehr als 140 Kubikkilometern zu den größten der Erde. Die Staumauer des Sees ist 1,3 Kilometer lang. An ihr befinden sich zwei gigantische Wasserkraftwerke mit einer Gesamtleistung von 2660 Megawatt. Deren Strom ist zu zwei Jahreszeiten besonders gefragt: Wenn im Winter die oft strombetriebenen Heizungen in Québec die Häuser wärmen – und wenn im Hochsommer die Klimaanlagen der angrenzenden Neuenglandstaaten der USA für kühle Luft sorgen, denn die Betreiberfirma Hydro-Québec exportiert den Strom auch ins Nachbarland.

Dass ein Asteroid die Erde bedroht, so etwas kennt man vor allem aus Hollywood-Filmen. Doch die Gefahr ist real. Das zeigen Einschläge wie der von Manicouagan. Und irgendwann wird es wieder eine solche Kollision geben. Die Menschheit arbeitet erst seit Kurzem an Technologien zur Abwehr solcher Gefahren, binnen kurzer Zeit einsetzbar wären sie wohl nicht. Die gute Nachricht ist immerhin, dass bisher keine kosmischen Objekte bekannt sind, die sich in absehbarer Zeit auf Kollisionskurs mit der Erde befinden. Aber das kann sich im Prinzip jederzeit ändern: Jeden Monat werden etwa 220 neue Asteroiden in der Nähe der Erde entdeckt. Insgesamt liegt die Zahl dieser sogenannten »Near Earth Objects« aktuell bei etwa 26 000. Und irgendwann wird wieder einer dabei sein, der uns trifft.

Christoph Seidler

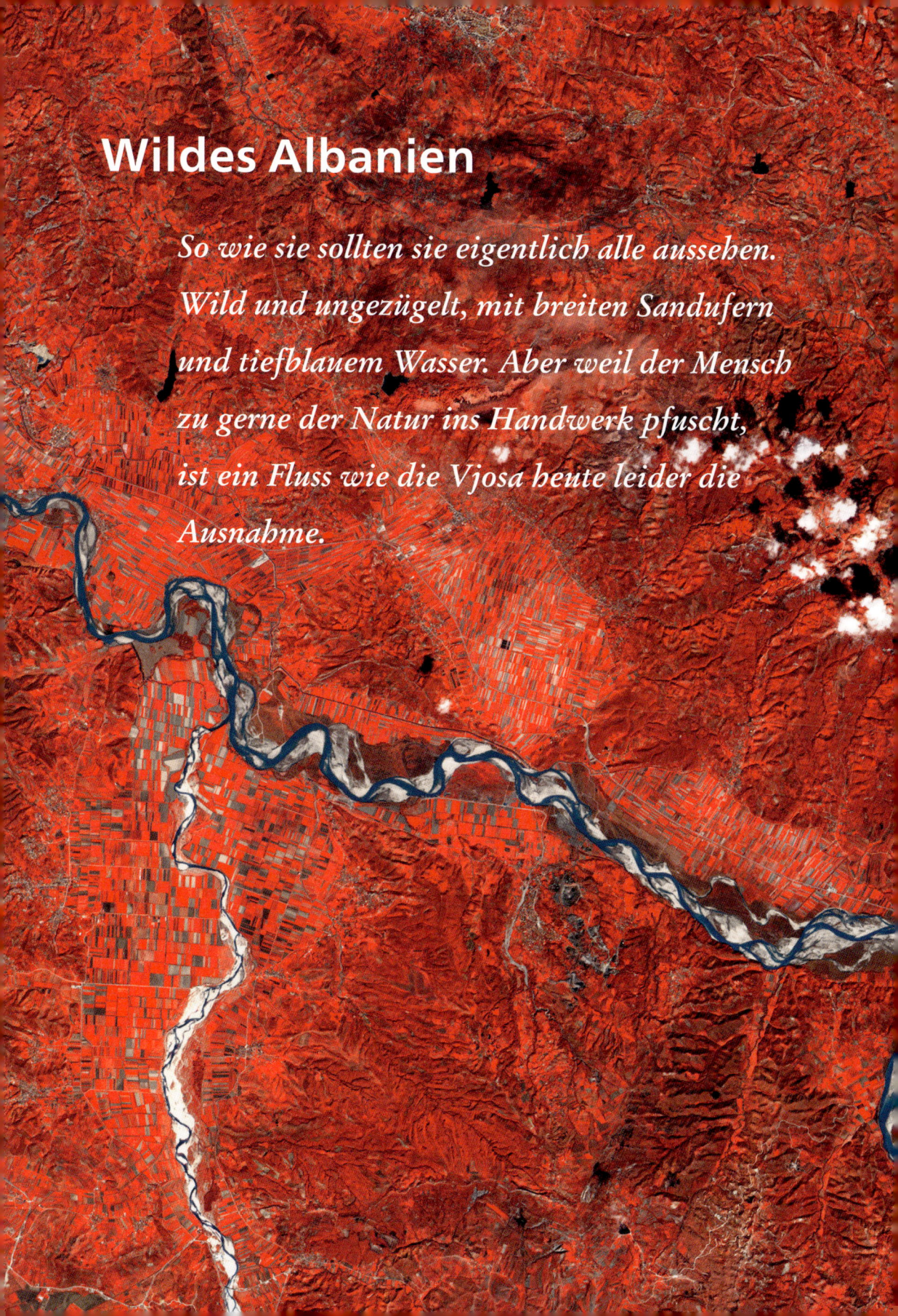

Wildes Albanien

So wie sie sollten sie eigentlich alle aussehen. Wild und ungezügelt, mit breiten Sandufern und tiefblauem Wasser. Aber weil der Mensch zu gerne der Natur ins Handwerk pfuscht, ist ein Fluss wie die Vjosa heute leider die Ausnahme.

Einer der letzten Wildflüsse Europas entspringt im Pindosgebirge in Griechenland, die meiste Zeit fließt die Vjosa aber durch das Staatsgebiet Albaniens – und diesen Teil des Flusses zeigt das feuerrote Falschfarbenbild der europäischen Satellitenmission »Sentinel«. Das rund 270 Kilometer lange Gewässer mündet schließlich etwas nördlich der Hafenstadt Vlora in die Adria.

Besonders beindruckend ist das Bett der Vjosa, es ist auf der Aufnahme gut zu erkennen. An manchen Stellen ist es breiter als zehn Fußballfelder lang sind. Hier schlängelt sich der klare Fluss zwischen hellen Sand- und Kiesufern hindurch, manchmal bildet er mehrere kleine Ärmchen. Das Wasser fließt auseinander und wieder zusammen. Bei jedem Hochwasser ändert sich der Mikrokosmos des Flusslaufs ein wenig. Kleine Inselchen und Sandbänke entstehen und verschwinden wieder.

Aber auch im großen Maßstab hat sich die Vjosa gewandelt. Bis zum 3. Jahrhundert lag ihr Lauf ein wenig weiter nördlich. Damals befuhren die Menschen den Fluss mit Schiffen – von der Adria bis zur antiken Hafenstadt Apollonia, deren Bevölkerung schon der große Aristoteles für seine Theorie zum politischen System der Oligarchie analysierte. Der Ort lag nördlich vom heutigen Levan. Aber in der Antike erschütterte ein Erdbeben die Region und der Flusslauf veränderte sich. In der Folge war es auch mit dem wichtigen Handelszentrum schnell vorbei. Der Hafen verlandete und Apollonia verlor an Bedeutung.

Ökologen fürchten, dass der Vjosa und ihren Nebenflüssen ein ähnliches Schicksal drohen könnte. Einer davon, die Shushica, ist auf dem Bild gut erkennbar. Das gesamte Flusssystem mauserte sich durch die ungestörte und natürliche Entwicklung zu einem einzigartigen Ökosystem. Und diesen Status hat es sich bis heute weitgehend erhalten – trotz der landwirtschaftlichen Aktivitäten an manchen Uferabschnitten und eingeleitetem Abwasser aus einigen Siedlungen. Und noch immer geraten Forscher und Umweltschützer gleichermaßen ins Schwärmen, wenn sie von der Vjosa sprechen und erzählen, wie der Fluss sich zwischen Bergen und Tälern bewegt.

Von Exkursionen wissen Ökologen, dass es hier Fische gibt, die nur in der Vjosa leben. Vor den Flurbegehungen war der wilde Fluss wissenschaftlich Terra incognita – unbekanntes Terrain. Doch die Experten entdeckten sogar gänzlich unbekannte Arten, darunter eine Fisch- und eine Steinfliegenart.

An der Vjosa tobt seit Jahren Zoff um den Strom. Und das stimmt sogar im doppelten Sinn, denn einige Firmen sowie Albaniens Regierung planen hier Staudammprojekte, die Elektrizität erzeugen sollen. Ein Stück weiter flussaufwärts beim Dörfchen Kalivaç, gerade außerhalb des Satellitenbildes, soll an einer engen Stelle zwischen zwei Hügeln ein über 500 Meter langer und 60 Meter breiter Damm samt Wasserkraftwerk entstehen. Vor Jahren hatten Baufirmen sogar schon mit der Arbeit begonnen, doch irgendwann wurde das Vorhaben gestoppt.

Aber die Gefahr für den Fluss war damit nicht gebannt. Auch beim Dorf Poçem, das an der großen Flussschleife liegt, die am unteren Rand des Bildes sichtbar ist, ist ein Damm geplant. Forscher und Umweltschützer auf der einen Seite und Regierung und Betreiberfirmen auf der anderen liefern sich seit Jahren eine Fehde um Gutachten und Genehmigungen für die Projekte. Die Investoren schwärmen von grünem

Das Tal der Vjosa

Strom, den allein die Kraft des Wassers erzeugen wird, und stellen die Vorteile für die Region heraus: Arbeitsplätze und klimafreundliche Energie, die weitaus günstiger ist als Kohlekraftwerke.

Aber Umweltschützer halten dagegen: Zum einen würden solche Bauwerke mit ihrer Stauwirkung den Lauf des Flusses entscheidend verändern. Fische könnten nicht mehr ungestört in der Vjosa wandern, selbst Fischtreppen würden das nicht grundlegend ändern. Zum anderen stören Staustufen den Transport von Sedimenten. Das hätte langfristig auch Auswirkungen auf die Staudämme. Denn schon nach einigen Jahrzehnten würden die Seen vor den Dämmen verlanden wie einst der Hafen von Apollonia. Dauerhaft rechnen sich die Anlagen deshalb nicht, sagen die Umweltschützer – das Ausbaggern wird teuer.

Schon seit vielen Jahrhunderten greift der Mensch in den Lauf von Flüssen ein. Bereits die alten Römer taten das, wenn auch eher selten. Ab dem Mittelalter wurden Flüsse und Bäche dann aus unterschiedlichen Gründen häufiger gezähmt. Die Elektrizitätsgewinnung spielte dabei erst in der Neuzeit eine Rolle. Vorher ging es um Schifffahrt oder Landwirtschaft, um Schutzmaßnahmen vor Hochwasser oder um die Gewinnung von Land. Solche Eingriffe haben das ökologische Gefüge an Flüssen verändert und teils negative Auswirkungen auf die Biodiversität gehabt. Manche Tierarten verschwanden, weil sie sich nicht anpassen konnten. Deshalb bemühen sich Gewässerökologen heute in aufwendigen Renaturierungsverfahren, möglichst wieder natürliche Flusssysteme herzustellen.

An der Vjosa soll es gar nicht erst so weit kommen. Die Vision von Forschern und Umweltschützern: Die Region um den Fluss wird zu einem Nationalpark erklärt, der unter besonderem Schutz steht und den Bewohnern der Region neue Einnahmequellen durch Ökotourismus erschließt. Lange sah es nicht so aus, als würde sich so ein Projekt verwirklichen lassen. Aber vor einiger Zeit hatte Albaniens Ministerpräsident Edi Rama signalisiert, dass der Park tatsächlich kommen könnte. Allerdings ist seitdem nicht viel passiert. Die angedachten Schutzmaßnahmen würden außerdem stark von den internationalen Standards abweichen – und immer noch Wasserkraftwerke ermöglichen. Der Ausgang des Kampfs um den wilden Strom ist also weiter offen.

Jörg Römer

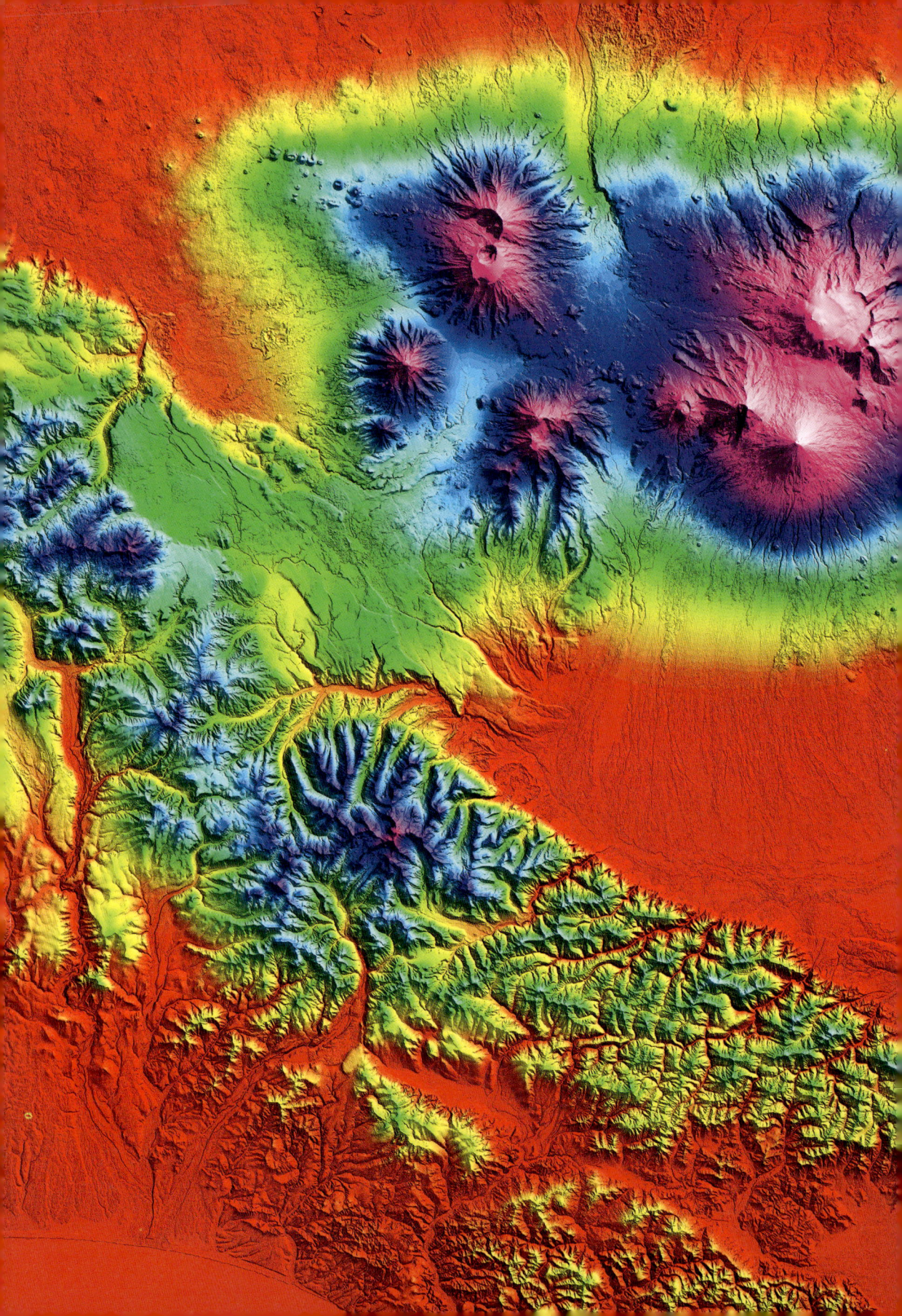

And it burns, burns, burns

Mehr als ein halbes Jahrhundert war die riesige Halbinsel Kamtschatka im fernen Osten Russlands militärisches Sperrgebiet. Diese Zeiten sind zum Glück vorbei, sodass Touristen nun die beeindruckenden Naturschätze der dünn besiedelten Region entdecken können.

An ein paar Orten unserer Erde kann man spüren, welche gewaltigen Kräfte in ihrem Inneren am Werk sind. Die extrem dünn besiedelte Halbinsel Kamtschatka im fernen Osten Russlands gehört ohne Zweifel dazu. Hier verteilen sich auf eine Fläche größer als Deutschland nur gut 300 000 Einwohner. Dazu kommen nicht weniger als 160 Vulkane, knapp 30 davon gelten als aktiv. Im Schnitt brechen jedes Jahr sechs von ihnen aus. Auch zahlreiche Geysire, also heiße Quellen, die ihr Wasser als Fontänen ausstoßen, zeugen von einer außerordentlichen geologischen Aktivität. Allein im Dolina Geiserow, dem Tal der Geysire, existieren 90 von ihnen. Der größte, Welikan, erreicht eine Höhe von bis zu 40 Metern.

Immer wieder kommt es in der Region auch zu schweren Erdbeben. Das stärkste der jüngeren Vergangenheit ereignete sich im November 1952 im Meer rund 130 Kilometer vor Kamtschatka und erreichte einen Wert von 9,0. Damals zerstörten 15 bis 18 Meter hohe Tsunamiwellen den Ort Sewero-Kurilsk auf der vorgelagerten Inselgruppe der Kurilen, auf die sowohl Russland als auch Japan Anspruch erheben.

Kamtschatka ist Teil des Pazifischen Feuerrings und liegt auf der Ochotsk-Platte. Das ist eine kleine Erdplatte an der Nahtstelle zwischen Eurasischer, Nordamerikanischer und Pazifischer Platte. Letztere tauchen mit einer Geschwindigkeit von mehreren Zentimetern pro Jahr unter der Ochotsk-Platte ab. Östlich und südöstlich vor Kamtschatka, im Bereich des Kurilen-Kamtschatka-Grabens, ist das Meer deswegen viele Tausend Meter tief. Geoforscher sprechen von einer sogenannten

Die Kljutschewskaja Sopka

Subduktionszone. Beim Abtauchen verhaken sich die Platten immer wieder. Wenn sich die so aufgebauten Spannungen mit einem Mal lösen, bebt die Erde.

Das Falschfarbenbild zeigt ein eingefärbtes digitales Höhenmodell, das mit Daten der deutschen Radarsatelliten »TanDEM-X« und »Terra-SAR-X« erstellt wurde. Die höchste Erhebung auf Kamtschatka ist die Kljutschewskaja Sopka mit rund 4750 Metern. Sie gehört zu einem Dutzend Schichtvulkanen, die unter dem Namen Kljutschewskaja-Gruppe zusammengefasst werden und oben auf der linken Hälfte der Doppelseite zu sehen sind. Im Schnitt bricht die Kljutschewskaja Sopka etwa alle fünf Jahre aus.

Schicht- oder Stratovulkane sind typisch für Subduktionszonen wie auf Kamtschatka. Ihre Lava ist vergleichsweise kühl und – wegen eines hohen Anteils an Siliziumdioxid – eher zähflüssig. Wenn in der Gesteinsschmelze größere Mengen an Gas entstehen, sind die Ausbrüche oft explosiv. Allerdings gibt es auf Kamtschatka auch sogenannte Schildvulkane, wie sie Experten eher an auseinanderdriftenden Plattenrändern wie etwa in Island vermuten würden. Ihre Lava ist um mehrere Hundert Grad heißer.

Um den Jahreswechsel 2012/13 brachen auf Kamtschatka gleich vier Vulkane gleichzeitig aus, Schiwelutsch, zu sehen auf der rechten Seite, Besymjanny, Kizimen und Tolbatschik. Bei den ersten drei handelt es sich um Schichtvulkane. Der Tolbatschik wiederum wird als komplexer Vulkan bezeichnet, da er aus beiden Vulkantypen besteht.

Was für die Bewohner der nächstgelegenen Siedlungen zur Gefahr werden kann, ist für manche Touristen ein Spektakel. Zuletzt beklagten russische Katastrophenschützer gleich mehrfach, dass Schaulustige sich ausbrechenden Vulkanen zu stark genähert hätten. Für ein beeindruckendes Foto seien sie dabei unvorstellbare Risiken eingegangen. Gefahr bestehe dabei nicht nur durch die Lava selbst, sondern auch durch sogenannte phreatische Explosionen. Diese können entstehen, wenn heiße Lava mit Schnee und Eis in Kontakt kommt. Die Behörden forderten Reisebüros auf, ihre Kunden nicht mehr so nahe an die Vulkane heranzuführen.

Man muss freilich weder ein verrückter Instagrammer noch ein Geo-

Nerd sein, um die Halbinsel für ein extrem spannendes Reiseziel zu halten. Seit 1996 sind die Vulkane von Kamtschatka Teil des Unesco-Weltnaturerbes, zu dem beispielsweise auch das Great Barrier Reef vor Australien, der Ilulissat-Eisfjord in Grönland oder die zu Ecuador gehörenden Galapagosinseln zählen. Bären, Wölfe, Polarfüchse und Luchse – das sind nur einige der Tierarten, die von der Abgeschiedenheit der Region profitieren.

Für rund ein halbes Jahrhundert war der Zugang zur Halbinsel streng reglementiert. Zu Zeiten der Sowjetunion war das Areal komplett als militärisches Sperrgebiet eingestuft. Selbst Sowjetbürger brauchten eine Sondergenehmigung, um dort reisen oder gar wohnen zu dürfen. Auf Kamtschatka gab es unter anderem wichtige U-Boot-Basen und Abhöranlagen für amerikanische Militärstützpunkte auf den – vergleichsweise – nahen Aleuten. Ein 13 000 Quadratkilometer großes Zielgebiet für Schießübungen mit Interkontinentalraketen existiert bis heute.

Christoph Seidler

2 Die sieben Weltmeere

Wo die wilden Wellen wogen

Mehr als 70 Prozent unseres Planeten sind von Wasser bedeckt. Grund genug, sich unsere Ozeane und Meere per Satellit einmal genauer anzusehen. Obwohl sie so viel Fläche einnehmen, gehören sie zu den Bereichen der Erde, über die verhältnismäßig wenig bekannt ist. Das betrifft vor allem die Tiefsee.

Zunächst sind der Satelliten-Messtechnik dabei Grenzen gesetzt. Im Bereich der elektromagnetischen Strahlung lässt sich nicht viel machen: Schon nach wenigen Metern im Wasser wird sie absorbiert. Dennoch können Satelliten helfen und uns bei der Vermessung des Meeresbodens unterstützen, etwa mit ausgeklügelten geophysikalischen Messverfahren.

Ohne Technik aus dem All wären Wissenschaftler auch im Bereich der Oberflächenerfassung aufgeschmissen. Die moderne Meeres- und Klimaforschung

*fußt ganz erheblich auf Sensoren und Instrumenten
an Bord von Satelliten. Sie messen Niederschläge über
den Ozeanen und beobachten Wetterphänomene –
etwa, wenn sich über dem Meer Stürme und mächtige
Hurrikane oder Taifune aufbauen. Und selbst
Monsterwellen spüren sie in den Weiten der Meere
auf.*

    *Dazu liefern sie Aufnahmen von Inseln und Küsten,
zu denen die meisten von uns womöglich nie reisen
können. Eine besondere Bucht in Australien mit
gigantischen Gezeitensprüngen oder die Kapverden,
eine vom Vulkanismus dominierte Inselgruppe vor
der Nordwestküste Afrikas, gehören dazu. Und die
Algenblüte der Ostsee mag auch vom Boden aus zu
erkennen sein – aber das ganze Bild ergibt sich erst aus
der Luft.*

Diese Bucht ist besonders

In einem Meerbusen in Australien fallen Ebbe und Flut viel heftiger aus als anderswo in der Region. Außerdem verspäten sich die Gezeiten regelmäßig. Woran liegt das?

Der Wechsel von Ebbe und Flut gehört zu den faszinierendsten Phänomenen der Erde. Wenn Kinder das erste Mal an der Nordsee Ferien machen, kann man ihr Staunen über das verschwindende und wiederkehrende Wasser an ihren Gesichtern ablesen. Wahrscheinlich ging es den Menschen zu Urzeiten nicht anders, als sie noch keine Ahnung von der Anziehungskraft von Mond, Sonne und dem Einfluss der eiernden Erde hatten, die die Wassermassen rund um den Globus in Bewegung halten.

Dabei ist der Tidenhub an der Nordsee noch überschaubar. Er beträgt an der deutschen Küste zwischen zwei und drei Meter. Das ist wenig im Vergleich zu den Wasserbewegungen, die sich in der Region auf diesem Bild abspielen, das an der Ostküste Australiens aufgenommen wurde. Hier liegt der Unterschied zwischen Ebbe und Flut bei bis zu zehn Metern. Es ist die größte Gezeitenschwankung in der Region.

Die Aufnahme zeigt den Broad Sound, eine trichterförmige Bucht von gut 50 Kilometern Länge und einer Breite von etwa 20 Kilometern. Sie liegt im Bundesstaat Queensland. Das südliche Ende des Great Barrier Reef liegt direkt vor der Bucht. Und bis in die Hauptstadt Brisbane, die wichtigste Stadt des Bundesstaates, sind es fast 700 Kilometer.

Dass die Bucht etwas Besonderes ist, war schon einem Forscher im frühen 19. Jahrhundert aufgefallen. Der britische Entdecker Matthew Flinders berichtete, dass die Flut »mindestens 30, vielleicht sogar 35 Fuß erreichte« und Stunden später als erwartet auftrat. Tatsächlich steigt das Wasser hier etwa sechsmal höher als anderswo an der Ostküste. Flinders stand vor einem Rätsel.

Inzwischen ist es gelöst. Der ungewöhnliche Tidenhub entsteht durch besondere geografische Gegebenheiten: die Form der Bucht und die flachen Gewässer des nahe gelegenen Great Barrier Reef.

Das Riff hemmt die Bewegungen des Wassers zunächst. Die Strömung konzentriert sich daher auf zwei nahe gelegene Kanäle – die Flinders Passage im Norden und den Capricorn Channel im Südosten. Hier sind die Wasserbewegungen dafür besonders stark. In der Bucht laufen die Wassermassen zusammen und führen zu einem deutlichen Anstieg bei Flut. Wegen des Riffs muss das Wasser im Grunde einen Umweg durch die beiden Kanäle machen – das erklärt die zeitliche Verzögerung. Aufgrund der lang gezogenen Form der Bucht kann es in manchen Bereichen zu höheren Gezeiten kommen als in anderen.

Das Bild wurde am 29. Oktober 2020 vom US-Erdbeobachtungssatelliten »Landsat 8« aufgenommen. Es sei eine Mischung aus Kunst und Wissenschaft, schreibt die Nasa. Denn ähnlich wie ein Fotograf, der die Beleuchtung anpasst und Filter verwendet, habe hier ein Forscher feine Details im Wasser herausgearbeitet.

Durch die üppigen Farben lassen sich Sedimente und Phytoplankton im Wasserfluss leicht erkennen und unterscheiden. Die hellbraunen Töne in Ufernähe sind wahrscheinlich aufgewirbelter Schlamm. Weiter draußen wird dagegen grobkörniges Karbonat bewegt. In die Bucht münden keine nennenswerten Flüsse, allein die Flut sorgt für den Farbmix.

Das Auf und Ab von Ebbe und Flut ist anderswo übrigens noch heftiger: In der kanadischen Bay of Fundy am Golf von Maine beträgt der Tidenhub bis zu 21 Meter.

Jörg Römer

Schiffe im grünen Strudel

Hat jemand in der Ostsee den Stöpsel gezogen?

Und einen Strudel verursacht, der alles in die

Tiefe zieht? Nein, hier ist die Natur am Werk.

Betrachter müssen schon sehr genau hinschauen, um die drei Schiffe auf dem Bild zu erkennen. Winzige helle Striche links oben auf der Seite verraten ihren Standort, und drei feine dunkle Linien lassen ihren Kurs erahnen. Von Norden schippern die Boote in den Einflussbereich eines riesigen Strudels, der aus der Luft zu erkennen ist. Es wirkt, als hätte sich mitten im Meer ein Abfluss aufgetan. Aber irgendwie trotzen die drei Kähne der mächtigen Sogwirkung des Strudels.

Aus diesen Zutaten ließe sich so manches Seemannsgarn spinnen. Aber in Wahrheit gibt es hier kein Loch im Meeresboden – stattdessen gelang dem Nasa-Satelliten »Landsat 8« im August 2020 die Aufnahme einer Algenblüte in der Ostsee. Aus der Luft wirken die Phytoplankton-Schleier zufällig wie ein Strudel.

Das Foto entstand zwischen Öland und Gotland, zwei Inseln vor der südöstlichen Küste Schwedens. Bis ins nördlich gelegene Stockholm sind es von dort aus etwa 300 Kilometer. Das Bild mit den kleinen Schiffen macht das Ausmaß des Algenteppichs in der Ostsee halbwegs greifbar.

Für die Ostsee sind solche Algenblüten ein alljährliches Phänomen und gerade in dieser Region bekannt. Der Pflanzenteppich erreichte schon Ausmaße von der Größe Deutschlands.

Laut Nasa war nicht bekannt, wie groß der abgebildete Teppich war und um welche Algenart es sich handelte. Aber vermutlich seien es Blaualgen, heißt es bei der Behörde. Sie gehören zum Stamm der Cyanobakterien. Analysen von Sedimentkernen aus dem Meeresboden lassen Wissenschaftler vermuten, dass solche Cyanobakterienblüten in der

Cyanobakterien in einer eingefärbten Aufnahme eines Rasterelektronen-mikroskops

Ostsee seit Tausenden Jahren vorkommen. Die Algen können für den Nährstoffkreislauf wichtig sein, sie wandeln Stickstoff in Ammonium um. Das hilft pflanzlichem Plankton beim Wachsen. Nimmt die Algenblüte aber überhand, wird der Sauerstoff knapp, und es können sich regelrechte Todeszonen für die Meerestiere bilden.

Hohe Wassertemperaturen kurbeln das Algenwachstum an. Außerdem erhalten die Pflanzen Nährstoffe aus phosphorreichem Wasser. Der Gehalt an landwirtschaftlichem Dünger und nährstoffreichem Abwasser ist in den letzten Jahrzehnten immerhin zurückgegangen.

Jörg Römer

Heiter bis wirbelwolkig

Wer etwas gegen Nebel hat, sollte die eisige Beringsee meiden. Doch manchmal ist das Wetter zwischen Alaska und Russland ganz passabel – und am Himmel zeigen sich faszinierende Wolken.

Erinnern Sie sich noch an Sarah Palin? Die US-Politikerin war ja mal Gouverneurin im Bundesstaat Alaska. Und als ihre politischen Ambitionen größer wurden und sie sich für die Republikaner um das Amt der Vizepräsidentin bewarb, soll sie ihre guten außenpolitischen Kenntnisse mit einem bemerkenswerten Zitat begründet haben: Sie könne, so soll Palin gesagt haben, immerhin Russland von ihrem Haus aus sehen.

Tatsächlich war es allerdings die Komikerin Tina Fey, von der dieser Satz stammt, aus einem Sketch für »Saturday Night Live«. Doch im Prinzip ist es möglich, von Palins Heimatstaat Alaska aus Russland zu sehen. Zumindest, wenn das Wetter passt. Dann kann man von der Kleinen Diomedes-Insel, die zu Alaska gehört, hinüber spähen zur Ratmanow-Insel, manchmal auch Große Diomedes-Insel genannt. Und die ist eben ein Teil von Russland. Zwischen den beiden Eilanden verläuft die Datumsgrenze. Nur vier Kilometer trennen die beiden Staaten dort draußen in der Beringstraße.

Um einiges weiter ist der Abstand dagegen in dem Meeresgebiet, das auf dem Bild des europäischen Satelliten »Sentinel-3A« zu sehen ist. Die Aufnahme zeigt die Beringsee weiter im Süden. Wie die gleichnamige Straße ist sie nach dem Dänen Vitus Bering benannt, der das Gebiet im Jahr 1728 im Auftrag der Russen erkundete.

Entstanden ist das Bild im März 2017. Auf ihm sind die Sankt-Georg- und die Sankt-Paul-Insel zu sehen, die zu den Pribilof-Inseln gehören. Beide sind Teil der USA, zumindest seit diese Alaska im Jahr 1867 von den Russen kauften.

Die Aufnahme stammt vom Ocean and Land Colour Instrument an Bord des Satelliten. Dessen insgesamt fünf Kameras erfassen jeweils einen 1270 Kilometer breiten Streifen der Erdoberfläche mit einer Auflösung von bis zu 300 Metern.

Auf den Pribilof-Inseln leben nur ein paar Hundert Menschen, aber bis zu zwei Millionen Seevögel. Sie alle müssen mit ziemlich miesem Wetter klarkommen. Um die 300 Tage im Jahr herrscht auf den Inseln Nebel.

Am Tag, als der Satellit die Aufnahme gemacht hat, treiben sich die Wolken allerdings etwas weiter südlich herum – und sie sind zauberhaft schön. Schuld daran ist eine sogenannte Kármánsche Wirbelstraße. Das ist ein Phänomen, bei dem sich hinter einem – in diesem Fall von Luft – umströmten Körper gegenläufige Wirbel ausbilden.

Umströmt wird in diesem Fall wahrscheinlich ein Vulkan auf der Unimak-Insel, die nicht im Bild zu sehen ist, weil sie jenseits des rechten Randes liegt. Hier gibt es gleich mehrere vergletscherte Feuerberge, die auf dem ansonsten flachen Meer zum Hindernis für die Wolken werden.

Christoph Seidler

Insel des Feuers

*Rund 600 Kilometer vor der afrikanischen
Küste liegen die Kapverdischen Inseln
im Atlantik. Das Leben dort wird von einem
Vulkan bestimmt, der bis heute aktiv ist.*

Manchmal sagt ein Ortsname einfach alles, was man wissen muss. Und nein, wir meinen jetzt nicht etwa Oberhäslich, den Ortsteil von Dippoldiswalde im Landkreis Sächsische Schweiz-Osterzgebirge – und eigentlich ganz hübsch gelegen. Der Name dort hat schließlich auch nichts mit mangelnder Ansehnlichkeit zu tun, sondern mit einem alten Haselstrauch. So heißt es jedenfalls.

Die Rede ist vielmehr von Fogo, einer Insel der Kapverden. Sie wurde im 15. Jahrhundert von einer Expedition im Auftrag des portugiesischen Königs entdeckt. »Fogo« bedeutet auf Portugiesisch »Feuer«. Und dem Feuer aus dem Inneren der Erde verdankt auch das Eiland seine Existenz. Denn Fogo, mit einem Durchmesser von rund 25 Kilometern, ist im Prinzip nichts weiter als ein einziger großer Vulkankegel.

Dieses Falschfarbenbild, aufgenommen vom europäischen Satelliten »Sentinel-2A«, zeigt Fogo aus rund 800 Kilometern Höhe. Die Insel ist auf der rechten Seite abgebildet. Links davon sind die kleineren Eilande Rombos-Grande, Luís Carneiro und Cima zu sehen – und, ganz links, die Insel Brava. Auch sie sind Produkte des Vulkanismus. Sie alle liegen auf einem gemeinsamen, unter der Wasseroberfläche gelegenen Sockel.

Während es auf Brava im Prinzip keine vulkanische Aktivität mehr gibt, sehr wohl aber noch Erdbeben, müssen die Einwohner von Fogo ständig mit Eruptionen rechnen. Schuld daran ist der mehr als 2800 Meter hohe Pico do Fogo. Der Schichtvulkan, der der Insel ihren charakteristischen Namen gab, bricht regelmäßig aus, laut historischen Aufzeichnungen 1680, 1785, 1799, 1847, 1852, 1857, 1951, 1995 – sowie 2014/15.

Ponta Do Sol auf den Kapverdischen Inseln

In weit zurückliegender Zeit sorgte der Vulkan für eine Katastrophe kaum vorstellbaren Ausmaßes: Als vor 73 000 Jahren eine Flanke des Berges abrutschte, landeten 160 Kubikkilometer Gestein im Meer – und ein Tsunami von mindestens 170 Metern Höhe rauschte über den Ozean.

Der Vulkan bestimmt das Leben der Menschen bis heute in jeder Hinsicht – so stark, dass sogar eine der wichtigsten Fußballmannschaften der Insel seinen Namen trägt: »Vulcânicos Futebol Clube«. Aber nicht nur das: An der Nordseite des Berges wird Kaffee angebaut, zwischen 350 und 1300 Meter über dem Meer. Vulkanasche hat die Böden fruchtbar gemacht. Auch Wein gedeiht auf Fogo. Allerdings hat die Landwirtschaft damit zu kämpfen, dass etwa sechs Monate pro Jahr so gut wie kein Regen fällt. Immer wieder leiden die Kapverdischen Inseln unter massiven Dürren.

Christoph Seidler

Die Farben der Saison

Dass es die nördlichste dauerhaft bewohnte Siedlung der Welt gibt, hat auch mit der Vision eines Mannes zu tun, der dort seinen Tod fand. Das Eis ist fast immer da – und verändert sich doch.

Das Röhren in der Luft dürften die Männer am Boden wohl als Erstes wahrgenommen haben. Es war der 31. Juli 1950, doch vom Sommer war nicht viel zu spüren: Aus dem bewölkten Himmel krümelten ein paar Schneeflocken, die Temperatur lag um den Gefrierpunkt. Die amerikanisch-kanadische Wetterstation in Alert war einer der gottverlassensten Orte der Erde, ohne eine Landverbindung irgendwohin. Nur weil der Außenposten auf der Ellesmere-Insel, die nördlichste dauerhaft bewohnte Siedlung der Welt, regelmäßig aus der Luft versorgt wurde, ließ sich der neue Standort hier oben überhaupt aufrechterhalten.

An diesem Tag näherte sich die Avro 683 »Lancaster« aus Nordosten. Der viermotorige Weltkriegsbomber aus britischer Produktion sollte Post für die Meteorologen bringen, dazu frisches Fleisch und Ersatzteile für einen kaputten Traktor. In der Maschine saß auch ein Mann, der eine ganz besondere Beziehung zu dem Fleckchen Erde hatte: US-Oberst Charles J. Hubbard warb in den Hauptstädten Washington und Ottawa jahrelang für sein Projekt »Arctops«, ein Netz von Forschungsstationen in der Arktis. Neben zwei größeren, per Schiff zu versorgenden Ansiedlungen im grönländischen Thule und auf der kanadischen Melville-Insel, sollte es eine Reihe von Wetterstationen umfassen, die nur per Flugzeug erreichbar waren. Alert, nur 800 Kilometer vom Nordpol entfernt, war eine von ihnen.

In der kanadischen und amerikanischen Arktis gab es zu dieser Zeit de facto keine Infrastruktur jenseits der Siedlungen der traditionellen Bewohner. Gleichzeitig waren – und sind – die klimatischen Bedingungen sehr ungemütlich. Die minimale Durchschnittstemperatur im Januar in Alert liegt bei minus 35,9 Grad Celsius. Selbst im kurzen Sommer sind im Schnitt höchstens 6,4 Grad Celsius drin.

Und doch wollte Hubbard, angestellt im Wetteramt der Vereinigten Staaten, Menschen dort oben ansiedeln. Er argumentierte strategisch und machte folgende Rechnung auf: Zu Beginn des Zweiten Weltkrieges habe Russland 137 Wetterstationen jenseits des Polarkreises betrieben, Norwegen immerhin 75, Dänemark sei auf fünf gekommen – doch von Grönland bis hinüber nach Alaska existierten nur weitere sieben, vier in Kanada und drei auf US-Gebiet. Das sei ein Problem, weil sich nur mit Daten aus der Arktis seriöse Wetterprognosen für die gesamte Nordhalbkugel erstellen ließen. Außerdem könnten die Stationen Keimzellen einer weiteren Erschließung der Region sein und auch von Wissenschaftlern anderer Disziplinen genutzt werden.

Im gerade aufziehenden Kalten Krieg war Geld da für Projekte wie »Arctops« – und Hubbard durfte seine Vision umsetzen. Für ihn und acht weitere Menschen war der Preis dafür aber maximal hoch. Als sich die Crew des Lancaster-Bombers an jenem besagten Julitag 1950 daranmachte, im Tiefflug ihre auf Paletten gestapelten Versorgungsgüter an Fallschirmen abzuwerfen, verfing sich einer davon am Heck und an den Höhenrudern der Maschine. Die ging daraufhin in einen Sturzflug über, krachte unweit des Flughafens in den gefrorenen Boden und explodierte in einem Feuerball. Niemand an Bord überlebte.

Ein weiteres schweres Flugzeugunglück ereignete sich am 30. Oktober 1991. An diesem Tag stürzte eine mit 18 000 Litern Diesel für Alert beladene Lockheed C-130 Hercules gut 20 Kilometer vom Ort entfernt ab. Fünf der insgesamt 18 Menschen an Bord starben, wegen eines Schneesturms nahm die Rettungsaktion für die Überlebenden 32 Stunden in Anspruch.

Bis heute betreiben das kanadische und das amerikanische Militär gemeinsam die Wetterstation von Alert, die Kanadier unterhalten dort außerdem seit 1958 auch einen Militärstützpunkt. Der Ort ist deswegen Sperrgebiet. Alert hat daher zwar einen Flughafen mit dem internationalen Code YLT, aber man kann keine Tickets dorthin kaufen.

Die europäische Radarsatellitenmission »Sentinel-1« hat sich die Region in der Zeit von Dezember 2016 bis Februar 2017 immer wieder einmal von oben angesehen, aus gut 700 Kilometern Höhe. Dabei ist dieses Bild entstanden, für das drei Einzelaufnahmen zusammengefügt wurden. Unten auf der linken Seite zu sehen ist die nordöstliche Spitze der Ellesmere-Insel. Dort öffnet sich die Nares-Straße in die zum Arktischen Ozean gehörende Lincolnsee. Auf der anderen Seite der Wasserstraße liegt Grönland.

Draußen auf dem Ozean ist das Satellitenbild auffällig bunt. Das hat damit zu tun, dass jede der drei Einzelaufnahmen farbcodiert ist – in Rot, Grün und Blau. So lassen sich Unterschiede im Eis draußen auf dem Wasser erkennen. Das Festland ist auf dem Satellitenbild grau dargestellt. Wer sehr genau hinsieht, kann die Landebahn des Flugplatzes als dunkle Linie mit einem kleinen Kreis am linken Ende ausmachen.

Wie eine Stecknadel sieht das Ganze aus, oberhalb der drei größeren dunklen Flecken, bei denen es sich um eisbedeckte Buchten handelt.

Unweit des Airports von Alert, westlich der Landebahn, steht heute ein Gedenkstein für die Todesopfer des Flugzeugabsturzes von 1950. Neun schlichte, weiße Holzkreuze markieren die Gräber. Eines von ihnen gehört dem Mann, ohne den es diesen Ort nie gegeben hätte. Die Trümmer des Lancaster-Bombers hat niemand weggeräumt.

Christoph Seidler

Schöne Sch…

Pinguine aus dem All zu beobachten: Das ist schon abgefahren. Aber mittlerweile können Wissenschaftler aus der Ferne sogar sagen, was die Tiere fressen – weil sie ihre Exkremente untersuchen. Mit Satelliten.

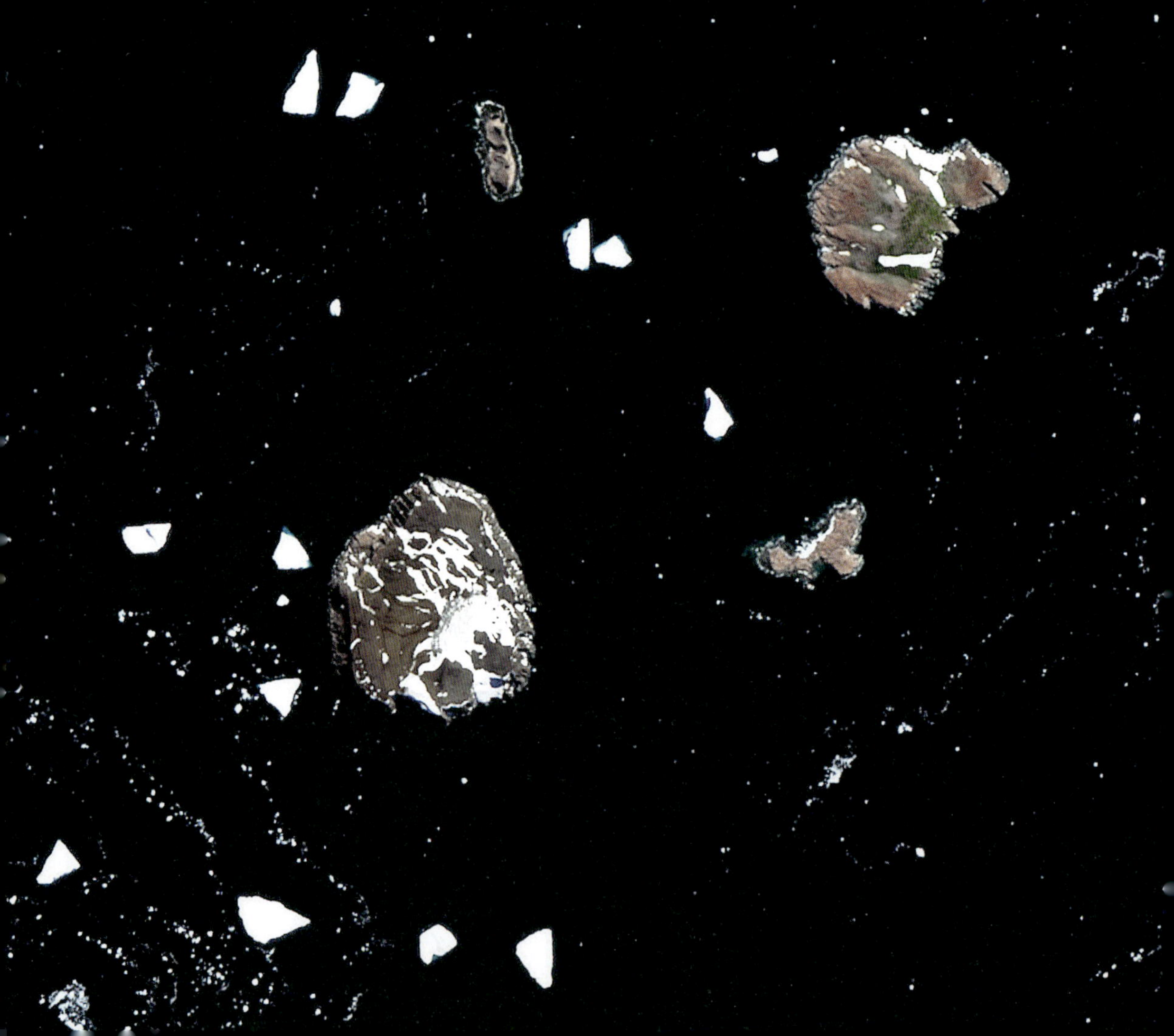

In diesem Text wird es um Fäkalien gehen. Um Exkremente, Kot, Kacke, Sch… – na ja, Sie wissen schon. Es wird auch um Menschen gehen, die sie im Dienst der Wissenschaft einsammeln und darin herumstochern. Und um putzige Pinguine natürlich auch. Aber eins nach dem anderen.

Zunächst einmal möchten wir Sie bitten, uns zu folgen. Und zwar zu den Danger-Inseln in der Antarktis. Auf vielen Landkarten sind die gar nicht verzeichnet, weil sie so klein und unscheinbar sind. Sieben von ihnen gibt es insgesamt. Die größte, die Darwin-Insel, misst einen Kilometer im Durchmesser, die kleinste, Dixey Rock heißt sie, ist genau das: ein kleiner, wenngleich hoch aufragender Felsbrocken im Ozean.

Der britische Entdecker James Clark Ross hätte die Inseln auch beinahe übersehen, als er ihre Umgebung im Jahr 1842 mit seinen Schiffen erkundete. Es war kurz nach Weihnachten, und weil die Eilande trotz des Südsommers von dickem Packeis umgeben waren, wären die »Erebus« und die »Terror« beinahe aufgelaufen. Daher der Name der Inseln, die hier auf einem Bild der europäischen Satellitenmission »Sentinel-2« aus dem Dezember 2020 zu sehen sind. Das Eis ist in Form zahlreicher großer Schollen zu erkennen, wenngleich es längst nicht so ausgedehnt ist, wie bei Ross' Besuch.

Die Welt würde von den Danger-Inseln wahrscheinlich bis heute keine Notiz nehmen, hätten Forscher um Heather Lynch von der Stony Brook University im US-Bundesstaat New York dort nicht 1,5 Millionen Pinguine aufgespürt, die bis dahin in keiner Statistik erfasst waren. Zur Einordnung: Rechnet man diese Neuentdeckungen schon mit ein, leben knapp sieben Millionen Pinguine in der Antarktis: 143 000 Esels-

pinguine, 283 000 Kaiserpinguine, 1,3 Millionen Zügelpinguine und 4,7 Millionen Adéliepinguine.

Es war also ein ziemlich spektakulärer Fund. »Wir dachten, dass wir wüssten, wo die Pinguine sind«, so hat es Lynch später bei einem Treffen der American Geophysical Union (AGU) in Washington erklärt. Doch dann fielen den Wissenschaftlern auf Satellitenbildern verdächtige Spuren auf: Die Tiere verrieten sich. Durch ihre Exkremente.

Und über diese wird jetzt hier doch noch einmal im Detail zu sprechen sein. Sorry, dass wir Ihnen das zumuten müssen.

Wenn Adéliepinguine brüten, dann wechseln sich weibliche und männliche Tiere ab. Sie brüten aber immer an derselben Stelle. Daher sammeln sich dort über die Jahre verräterische Hinterlassenschaften an. Richtig viele. Es gibt Stellen auf den Danger-Inseln, an denen haben furchtlose Wissenschaftler wie Michael Polito von der Louisiana State University in Baton Rouge (US-Bundesstaat Louisiana) Pinguinkacke aus einer Zeitspanne von 3000 Jahren eingesammelt.

Und der Pinguindreck wächst nicht nur in die Höhe. Immer wenn ein neues Brutpaar in der Kolonie dazukommt, wächst er auch in die Breite. Und das wiederum lässt sich auf den Satellitenbildern erkennen. »Wir können die einzelnen Tiere nicht sehen, wohl aber ihre Fäkalien«, so Lynch.

Als sie wussten, wo sie suchen mussten, sahen sich die Wissenschaftler ältere Satellitenbilder an. Und auch darauf waren die bis dahin unbekannten Kolonien schon zu finden – beziehungsweise der Kot ihrer Bewohner.

Bei der Auswertung der Bilder konnten die Forscher einen Trend ausmachen: »Die Population ist groß. Wir gehen aber davon aus, dass sie früher noch größer war«, sagt Lynch. Seit etwa 1990 gebe es einen langsamen Rückgang. »Es ist nicht katastrophal. Wir sprechen von vielleicht 10 bis 15 Prozent weniger.«

Was aber war schuld an dem Minus? Hatte sich das Nahrungsangebot der Tiere womöglich verändert?

Hier kommt Lynchs früherer Doktorand Casey Youngflesh von der University of California in Los Angeles ins Spiel. Denn der hat sich mit genau diesen Fragen beschäftigt. Im Infrarotbereich der Satellitenbilder lassen sich Farbunterschiede zwischen den Pinguinrückständen in verschiedenen Kolonien ausmachen. Wenn die Pinguine sich – wie auf der antarktischen Halbinsel und in der Westantarktis – eher von Krill ernähren, leuchtet der Kot orangerot. Fressen die Tiere vor allem Fisch – wie in der Ostantarktis – ist er eher weiß.

Wie es zu dem Ernährungsunterschied kommt, wissen die Forscher nicht. Youngflesh wollte aber herausbekommen, ob sich die Farbe – und damit die Nahrung – über die Zeit ändert. Dazu sah er sich alle seit 1982 verfügbaren Bilder der Danger-Inseln an. Dabei zeigte sich: Ein langfristiger Trend bei der Ernährung lässt sich nicht nachweisen. Der Rückgang der Population hat also vermutlich andere Gründe.

Um zu dieser Schlussfolgerung zu kommen, musste der Forscher allerdings durchaus persönliche Opfer bringen. Um sicherzugehen, ob die Farben auf den Satellitenbildern wirklich Rückschlüsse auf die Ernährung der Tiere erlauben, untersuchte er Pinguinkot an verschiedenen Stellen der Antarktis. Konkret analysierte er die Exkremente auf ihren Gehalt an dem Stickstoffisotop 15N. Das reichert sich in der Nahrungskette an: Pinguine, in deren Hinterlassenschaften sich eine hohe Konzentration fand, hatten also mehr Fisch zu sich genommen, ein geringeres Niveau an 15N sprach für eine Krill-Diät.

Die Isotopenanalysen hat Youngflesh übrigens an Bord des kleinen Expeditionsschiffs »Hans Hansson« gemacht. In einem fensterlosen Raum. Um Pinguine aus der Ferne zu untersuchen, muss man eben manchmal vorher nahe an sie heran. Und man muss Gestank aushalten können.

Christoph Seidler

3 Wie im Urlaub

Die schönsten Orte des Planeten

Sattgrüne Täler und Berge mit wunderbarem, befreiendem Weitblick, unendlich lange Strände mit feinem weißem Sand und türkisfarbenem klarem Wasser. Oder pulsierende Metropolen mit einem spannenden Nachtleben. Die Destinationen, die Menschen gerne besuchen und an denen sie ihre Freizeit verbringen, sind so unterschiedlich wie die Vielfalt unserer irdischen Umwelt selbst – oder das, was der Mensch darin erschaffen hat.

Die Landschaft um uns herum hat oft einen großen Einfluss auf unser Wohlbefinden. Wer wir sind und wie wir sind, hängt auch davon ab, wo wir sind. Bei so vielen Emotionen erscheinen uns Satelliten hingegen wie nüchterne Maschinen. Und das sind sie ja auch. Aber in Bezug auf die Bilder, die sie schaffen, wirken sie hin und wieder eben doch wie Künstler. Das perfekte Bild eines perfekten Ortes gelingt ihnen manchmal mit geradezu anthropomorpher Eleganz.

Wohl jeder hat einen Traumurlaubsort vor Augen, den er unbedingt einmal besuchen möchte, gerade nachdem das wegen der Corona-Pandemie für eine quälend lange Zeit nicht ohne Weiteres möglich war. An solche Ziele führt uns das nächste Kapitel unseres Buches. Von den Bahamas bis zu den Bergen und Seen Italiens, wo sich schon Päpste und Kaiser erholten. Oder in eine berühmte Bucht in Frankreich, zu der jedes Jahr mehrere Millionen Touristen pilgern. Selbst aus der Entfernung des Weltalls zeigt sich, warum all diese Orte so einzigartig sind – und so viele Menschen anziehen.

Katzen und Key Lime Pie

Auf den Florida Keys ticken die Uhren etwas langsamer als im Rest Amerikas. Man trinkt und isst gut. Das hat einige Berühmtheiten angezogen.

In Ernest Hemingways Garten steht ein ehemaliges Pissoir und dient mutierten Katzen als Tränke. Und das ist nur eine der faszinierenden Geschichten über Key West. Die Stadt am südlichsten Punkt des US-Festlandes – warum das tatsächlich so ist, dazu gleich mehr – ist ein attraktives Ziel für Touristen. Selbst im Winter liegen die durchschnittlichen Höchsttemperaturen im Normalfall um die 24 Grad. Und das auch im Wasser des Atlantiks und des Golfs von Mexiko, die sich hier treffen. Berichte von Frost finden sich in den gesamten Wetteraufzeichnungen des Ortes nicht.

Das tropische Key West ist die Metropole der Florida Keys. Hier ticken die Uhren langsamer als im Rest Amerikas. Und was die Geografie angeht: Steht man an der aus Beton nachgebauten Boje »Southernmost Point«, dann ist Havanna deutlich näher als Miami. Man trinkt und isst gut auf den Keys, Fisch und Meeresfrüchte natürlich, aber zum Beispiel auch den Key Lime Pie. Das ist eine Süßspeise, die aus dem Saft aromatischer Limetten, Eigelb und gezuckerter Kondensmilch hergestellt wird. Manchmal kommt auch noch eine Baiserkruste aus geschlagenem Eiklar darauf.

Das Bild der Satellitenkonstellation »PlanetScope« zeigt Key West Anfang Januar 2017. Rund um die Stadt sind zahlreiche Boote auf dem Wasser unterwegs. Markant sind die Gezeitenrinnen am oberen linken Bildrand. Die Gebiete darüber fallen bei Ebbe trocken. Andere Bereiche, vor allem auf der linken Seite am dunkleren Wasser erkennbar, wurden ausgebaggert. Beispielsweise, als in den Vierzigern vom US-Mi-

Katze im Garten des Hemingway-Hauses

litär eine Basis für Wasserflugzeuge errichtet wurde, aus der später die bis heute in Betrieb befindliche Key West Naval Air Station wurde. Aus dem abgebaggerten Schlick entstand damals eine eigene Insel, Sigsbee Park, oder Dredgers Key, mit dem Rest von Key West über eine Brücke verbunden.

Die Brücke ganz rechts im Bild gehört zum Overseas Highway, dem südlichsten Abschnitts des U.S. Highway 1. Er führt fast 200 Kilometer über 40 Inseln der Keys und bindet diese so an das Festland. Im Fall eines herannahenden Hurrikans ist der Highway der einzige Weg, die Inselgruppe zu verlassen. Und immer wieder ist das leider nötig: Im September 2017 hat der Wirbelsturm »Irma« in der Region schwere

Schäden verursacht, zuvor war »Wilma« im Jahr 2005 mit ähnlicher Wucht über das Gebiet gezogen.

Key West hat über die Jahre viele interessante und berühmte Menschen angezogen, den Schriftsteller Tennessee Williams zum Beispiel – oder Präsident Harry Truman, der in der Stadt regelmäßig sein »Winter White House« bezog. Doch ein Name ist wie kein anderer mit der Stadt verknüpft: Ernest Hemingway.

Der spätere Literaturnobelpreisträger kam ab 1928 regelmäßig nach Key West, um das Leben zu genießen, um zu schreiben und auf dem Meer zu angeln. Drei Jahre später schenkte der Onkel seiner zweiten Frau Pauline Pfeiffer dem Paar ein Anwesen in der Whitehead Street Nummer 907. Die zu diesem Zeitpunkt ziemlich heruntergekommene Villa im Kolonialstil mit umlaufendem Balkon liegt in unmittelbarer Nachbarschaft des Leuchtturms von Key West auf einem der höchsten Punkte der Insel.

Hemingway schrieb hier unter anderem an »Die grünen Hügel Afrikas«, »Schnee auf dem Kilimandscharo« und »Haben und Nichthaben«. Und er trank. Viel. Unter anderem im »Sloppy Joe's«, einem ehemaligen Leichenhaus in der Greene Street. Heute heißt die Bar »Capt. Tony's«. Ein »Sloppy Joe's« gibt es aber immer noch, auf der Duval Street, der knapp zwei Kilometer langen Hauptstraße der Stadt. In dieser Kneipe dürfte Hemingway damals ebenfalls getrunken haben. Wie gesagt, er konsumierte wirklich viel Alkohol.

So landete, heißt es jedenfalls, auch ein Urinal aus dem »Sloppy

Joe's« im Garten des Schriftstellers, eines Nachts herangeschleppt aus der Kneipe. Er habe so viel Geld durch das Becken gespült, dass er es auch gleich mitnehmen könne, zitieren die Gästeführer im Museum den trinkfesten Schriftsteller.

Gleich nebenan ließ Ehefrau Pauline im Jahr 1937 einen Swimmingpool bauen. Er kostete zweieinhalbmal so viel wie das gesamte Anwesen. Hemingway, so heißt es, sei deswegen so wütend geworden, dass er ein Geldstück nach seiner Frau geworfen habe. Dann könne sie ja gleich seinen letzten Penny nehmen, so die Klage. Und genau das sei passiert, hört man heute. Jedenfalls ist direkt am Pool ein kupfernes Geldstück aus dem Jahr 1934 im Zement eingelassen. Das soll der berühmte Penny sein.

Noch kurz zu den Katzen: Auf Hemingways ehemaligem Anwesen lebt bis heute eine Gruppe der Tiere mit einer körperlichen Besonderheit. Sie haben sechs statt wie üblich fünf Zehen. Die Tiere sind also polydaktyl. Das erste Exemplar soll der Schriftsteller in den Dreißigerjahren des vergangenen Jahrhunderts von einem Schiffskapitän bekommen haben, so heißt es jedenfalls. »Snowball«, so der angebliche Name des Tieres, erfreute sich einer großen Zahl von Nachkommen, die bis heute auf dem Gelände unterwegs sind.

Christoph Seidler

Wo Päpste und Kaiser urlaubten

*Die Albaner Berge in Italien sind seit mehr
als 2500 Jahren das Naherholungsgebiet
hitzegeplagter Römer. Was heute so idyllisch
wirkt, begann mit einem gigantischen Kollaps.*

Aus dem All betrachtet ist die Umgebung des Latium noch zu erkennen: In sattem Grün zeichnen sich der innere und äußere Krater des Vulkans gut 20 Kilometer südöstlich von Rom ab. Vor Hunderttausenden Jahren stürzte ein Großteil des Vulkans ein. Die Magmakammern hatten sich bei einem Ausbruch fast vollständig entleert und brachen unter dem gigantischen Gewicht des Vulkankegels zusammen. Zurück blieben ovale Vertiefungen, sogenannte Calderen.

Heute sind mehrere Calderen mit Wasser gefüllt, wie diese Aufnahme aus dem »Copernicus«-Programm der Esa zeigt. Der kleinere See auf der linken Seite heißt Nemi, der größere Albano. An ihren Ufern liegen einige Städte, die gemeinsam als Castelli Romani bekannt sind. Weil es im Sommer in den Hügeln angenehm kühl bleibt, ist die Region seit mehr als 2500 Jahren beliebtes Naherholungsgebiet der Römer.

Besonders bekannt ist die Stadt Castel Gandolfo, die sich über den Albano erhebt. Dort liegt die päpstliche Residenz, in der seit dem 17. Jahrhundert viele Vertreter Gottes auf Erden ihre Sommer verbrachten.

Der Name Castelli Romani – übersetzt so viel wie »römische Burgen« – kommt von den zahlreichen Villen, die sich wohlhabende Römer seit der Antike dort errichteten. Der römische Kaiser Caligula ließ vor fast 2000 Jahren zwei gut 70 Meter lange Prunkschiffe am Ufer des Nemi bauen.

Schon lange zuvor hatten Menschen einen Tunnel in die Kraterwand gehauen, um die umliegenden Gebiete zu bewässern. Der Wasserspiegel des Sees sank dadurch deutlich. Eigens für die Schiffe Caligulas soll er noch weiter abgesenkt worden sein, damit die Schifffahrten des Kaisers nicht durch unnötigen Wellengang gestört wurden.

Auch heute ist die Region ein beliebtes Ausflugsziel. Jede Stadt hat ihre eigene Attraktion. Ariccia ist berühmt für Porchetta – gerollten

Castel Gandolfo und der Albaner See

Schweinebraten vom Spieß. Das nördliche Frascati ist für Wein bekannt, aber auch für mehrere wissenschaftliche Forschungseinrichtungen wie die ENEA, die italienische Nationalagentur für neue Technologien, Energie und nachhaltige wirtschaftliche Entwicklung, oder das Erdbeobachtungszentrum der Esa.

Aber auch in Castel Gandolfo wurde und wird in den Himmel geschaut. Dort entspannten Päpste nicht nur im Sommerurlaub, der Vatikan siedelte in den Dreißigerjahren des vergangenen Jahrhunderts auch seine Sternwarte (»Specola Vaticana«) dauerhaft dort an. Grund war die zu große Lichtverschmutzung in Rom, wo die kirchlichen Sterngucker zuvor aktiv waren. Doch nur ein halbes Jahrhundert später war auch das Firmament von Castel Gandolfo nicht mehr dunkel genug – der größte Teil der Forschungsarbeit der Vatikansternwarte wird mittlerweile in der Wüste des US-Bundesstaates Arizona absolviert.

Julia Köppe

Bild zum Beat

Vor der größten Insel der Bahamas liegt eine besondere geologische Struktur. Auf Satellitenaufnahmen erinnert sie mitunter an ein Kunstwerk. Sie hat es sogar schon auf Technopartys geschafft.

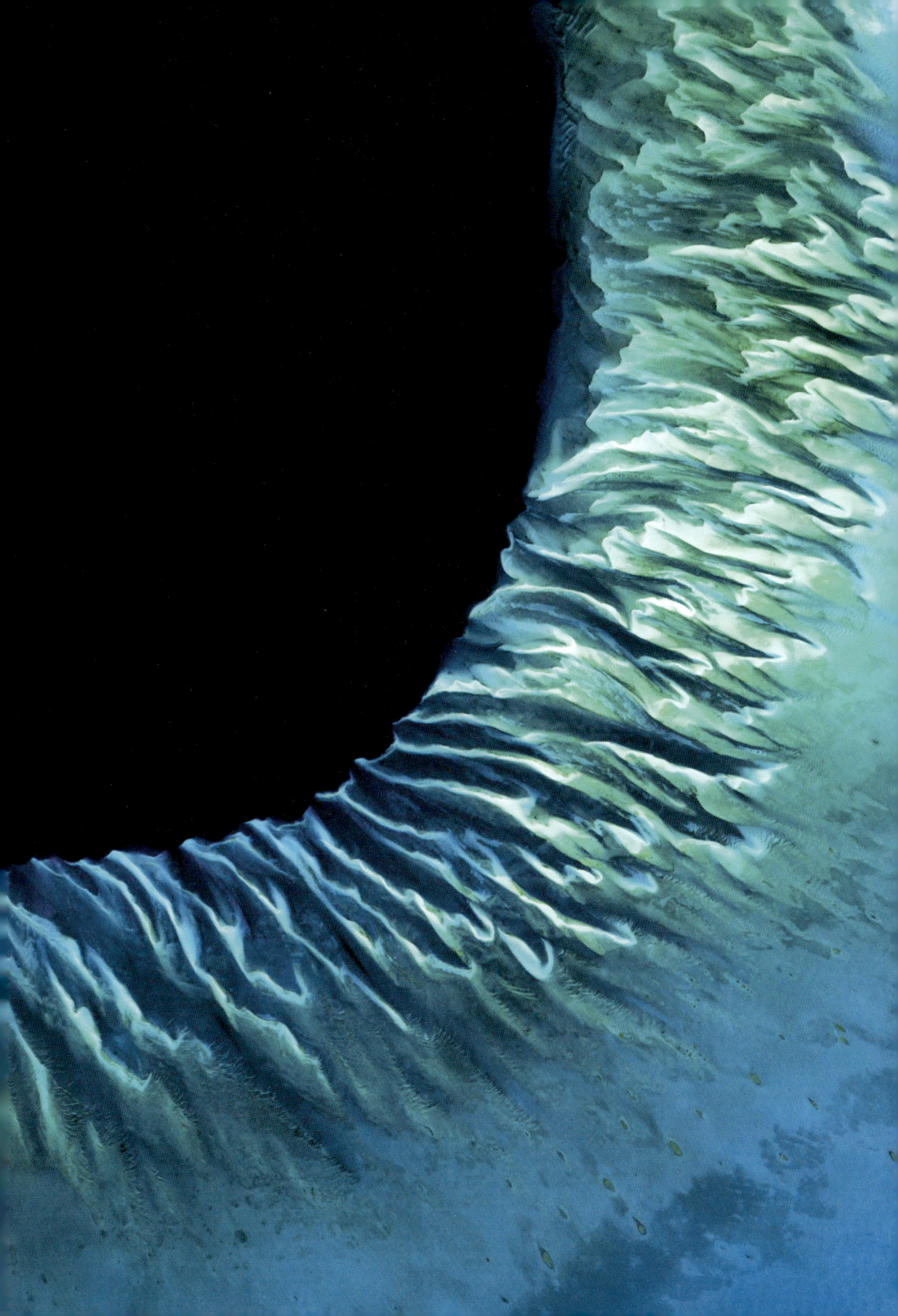

Beim Anblick dieses Bildes kann man leicht auf die Idee kommen, dass es sich um ein Kunstwerk handelt. Und auf gewisse Weise stimmt das auch. Allerdings war hier kein talentierter Maler am Werk, sondern die Natur.

Mindestens zweimal, 2001 und 2020, haben Satelliten die Great Bahama Bank so fotografiert, dass sich zahlreiche Menschen in den Anblick verliebten. Die Struktur liegt vor der Insel Andros, der größten Insel der Bahamas im Atlantik. Es handelt sich um eines der größten Saumriffe der Welt, solche Riffe liegen direkt vor der Küste und folgen dem Verlauf des Strandes oft kilometerlang.

Über mehrere Millionen Jahre wurde es durch geologische Prozesse und Lebewesen geformt. In vergangenen Eiszeiten befand sich an seiner Stelle noch trockenes Land, das mit steigendem Meeresspiegel jedoch im Wasser versank.

Das heutige Riff ist teils zwei Meter mit Wasser bedeckt, aus dem All aber gut zu erkennen. Es besteht aus hellem Kalkstein – den Skelettfragmenten von Korallen. Die wellenförmigen Linien im Bild zeigen Unterwasserdünen, die wohl durch recht starke Strömungen entstehen.

Außerdem wächst unter Wasser Seegras in unterschiedlichen Mengen und Tiefen, was für den Blau-Grün-Verlauf sorgt. Das Muster hat sich über die Jahre kaum verändert. Das ist ein Hinweis darauf, dass auch das Seegras noch immer in ähnlicher Anordnung wächst.

2002 veröffentlichte die amerikanische Weltraumbehörde Nasa eine Aufnahme des Riffs als »Bild des Tages«. Aufgenommen hatte es ein Jahr zuvor der Erdbeobachtungssatellit »Landsat 7«. Fast 18 Jahre später nahm der Nachfolger »Landsat 8« die Region im Februar 2020 erneut in den Blick.

Mit dem Original konnte die neue Aufnahme aber nicht mithalten. Als die Nasa im März 2020 über das schönste »Bild des Tages« der vergangenen 20 Jahre abstimmen ließ, gewann die ältere Version. Sie ist es auch, die wir hier zeigen.

»Es gibt weltweit viele schöne Seegras- und Sandmuster, aber kein anderes auf der Erde ist wie dieses«, sagte der Ozeanograf Serge Andréfouet, der die Nasa 2002 auf das Bild aufmerksam gemacht hatte. »Ich

Karibisches Korallenriff

bin nicht überrascht, dass es immer noch ein Favorit ist, besonders für Leute, die es zum ersten Mal sehen.« Die Aufnahme sei im Laufe der Jahre auf zahlreichen Websites, in Büchern und sogar auf Technopartys veröffentlicht worden.

Sowohl das alte als auch das neue Bild von der Great Bahama Bank zeigen einen Ausschnitt in der Nähe der Insel Andros. Bemerkenswert ist, dass in unmittelbarer Nähe der Riffe die sogenannte »Tongue of the Ocean« verläuft, die Meereszunge. Sie ist als schwarzer Bereich im Bild zu sehen. Hier wird das Meer plötzlich bis zu 2000 Meter tief und bietet Lebensraum für mehr als 160 Fisch- und Korallenarten.

Julia Merlot

Das tägliche Sahnehäubchen

Jeden Nachmittag schwebt über der Insel Hainan ein weißer Wolkenturm, der sich innerhalb von Stunden zu einem Gewitter auswächst. Das Schauspiel entsteht durch das Zusammenwirken von Luftströmen.

Die palmengesäumten Strände der Insel Hainan ziehen jedes Jahr Tausende chinesische Urlauber an. Hainan liegt nur rund 20 Kilometer vom Festland entfernt und ist ungefähr so groß wie Nordrhein-Westfalen. Neben Badestellen wie aus der Reisereklame besitzt die Insel im südlich-zentralen Teil auch stattliche Bergrücken von mehr als 1800 Metern Höhe. Die sorgen dafür, dass sie eigentlich den Beinamen »Gewitterinsel« bekommen müsste.

In diesen luftigen Höhen bildet sich fast täglich ein Cumulonimbus, das ist eine Regen- oder Gewitterwolke. Diese entsteht, wenn Luftströme von flachen Ebenen auf die Berge treffen und nach oben gedrückt werden. Während die feuchte Meeresluft aufsteigt, kühlt sie ab und kondensiert. Damit beginnt die Wolkenbildung – wie hier auf einer Aufnahme des US-Satelliten »Aqua« aus dem Mai 2020 zu sehen.

Das Zusammenspiel von flacher Küste und steilen Gebirgshängen verstärkt den Effekt. Doch der gesamte Prozess braucht Zeit. Deshalb entwickeln sich die Gewitterwolken erst am Nachmittag. Satellitenbilder zeigen, dass der Himmel am Morgen klar ist und die Wolken erst am frühen Nachmittag gegen 14 Uhr auftauchen.

Früh am Tag erwärmt die Sonne das Land schnell und damit auch die Luft. Die warmen Teile steigen auf und hinterlassen Schichten mit niedrigem Druck. In diese »Lücke« dringt dann Luft aus Hochdruckgebieten über dem Ozean ein und erzeugt einen Küstenwind, der auch als »Meeresbrise« bekannt ist.

Doch warum sieht das Wölkchen am Nachmittag über Hainan nun

Strand auf Hainan

aus wie ein Sahnehäubchen? Auch das hat physikalische Gründe: Wenn sich die kühl-feuchte Meeresluft ins Inselinnere bewegt, trifft sie auf erwärmte Landluft. Die kühle Luft zwingt die weniger dichte warme Luft dazu, schnell aufzusteigen – das erzeugt die vertikalen Wolkentürme, die auf dem Satellitenbild wie »Häubchen« aussehen. Dieser Effekt ist besonders stark in Regionen, wo der Küstenwind von mehreren Seiten der Insel bläst.

Im Fall von Hainan stehen die Chancen deshalb gut, dass sich Gewitter entwickeln. Die Insel hat zusammen mit der benachbarten Provinz Guangdong die höchste Dichte an Blitzen und Blitzeinschlägen in ganz China.

Susanne Götze

Auf der Spur
des magischen Lichtes

Wer im Winter nach Tromsø kommt, hofft

oft auf ein himmlisches Spektakel:

Weit jenseits des Polarkreises hat man gute

Chancen, das Polarlicht zu beobachten.

Wenn das Wetter passt.

Die norwegische Stadt Tromsø ist ein Ort der Extreme. Auf 69 Grad Nord gelegen, ist die Sonne hier jedes Jahr von Ende November bis Ende Januar nicht zu sehen. Im Sommer dagegen wird es zwischen Mitte Mai und Ende Juli gar nicht dunkel.

Dieses Falschfarbenbild stammt von der europäischen Satellitenmission »Sentinel-2«. Aufgenommen wurde es aus knapp 800 Kilometern Höhe am 15. Oktober 2019, wenige Wochen vor dem Beginn der dunklen Zeit. Rot eingefärbte Bildbereiche zeigen Vegetation. Weiß schimmern die bereits schneebedeckten Spitzen der Berge rund um das Stadtzentrum, das auf der Insel Tromsøya auf der linken Hälfte der Doppelseite zu erkennen ist.

Tromsø gilt hinter den russischen Städten Murmansk und Norilsk als drittgrößte Stadt jenseits des Polarkreises. Das nördlichste Filmfestival der Welt ist hier zu Hause, bis 2015 auch die nördlichste Brauerei. Dazu kommen die nördlichste Kathedrale und – für die Stadt wichtiger als alles zuvor Genannte – die nördlichste Universität des Planeten. An mehreren Standorten lernen rund 15.500 Studierende, dazu kommen 3300 Mitarbeitende.

Urlauber kommen mit den Postschiffen der Hurtigruten in die Stadt, oder mit dem Flugzeug. Gerade im Winter hoffen viele von ihnen auf ein ganz besonderes Spektakel: Polarlichter. Die Aurora borealis entsteht, wenn energiereiche, geladene Teilchen des Sonnenwindes mit Atomen am äußeren Rand der Erdatmosphäre kollidieren und diese so zum Leuchten bringen. Normalerweise tritt der Effekt aber

Nordlicht über Tromsø

nur in der Nähe der Magnetpole auf. Und Tromsø, gut erreichbar und mit einer beachtlichen Zahl guter, wenngleich nicht billiger Hotelbetten ausgestattet, ist so etwas wie die inoffizielle Polarlicht-Hauptstadt der Welt.

Ein grüner Schein geistert über das Firmament, wenn die Partikel von der Sonne Sauerstoffatome in rund 100 Kilometern Höhe zum Leuchten bringen. Rot hingegen ist das Polarlicht, wenn die Zusammenstöße in 200 Kilometern Höhe passieren. Und wenn der Sonnenwind mit Stickstoffatomen kollidiert, kommt bläuliches Licht zustande.

Die Stärke des Polarlichts hängt von der Sonnenaktivität ab. Normalerweise ist das pulsierende Leuchten extrem zart. Und das hat zur Folge, dass man es etwa im Stadtzentrum von Tromsø gar nicht zu sehen bekommt. Wer das Spektakel genießen möchte, muss der Lichtverschmutzung dort entfliehen, zum Beispiel in ein Wildniszentrum auf Kvaløya, der Walinsel. Dort kann man mit Hundeschlitten über den Schnee jagen und – wenn man Glück hat – die Aurora bewundern. Wenn das nicht klappt, ist die Tour durch die winterliche Polarnacht allein schon ein unvergessliches Erlebnis.

Dass es das Nordlicht längst nicht jeden Tag zu bestaunen gibt, hat mit einem Effekt zu tun, dem die Stadt vermutlich ihre Existenz verdankt. Weil die letzten Ausläufer des Golfstroms das Wasser des Europäischen Nordmeeres wärmen, sind die Temperaturen hier auch im Winter vergleichsweise mild. Allerdings sorgt das eben auch für viele Wolken und den entsprechenden Regen. Jeden Monat, egal ob im Sommer oder Winter, kommt Tromsø auf rund 20 Tage mit Niederschlag. Am besten ist es statistisch gesehen noch im Mai, da sind es nur 15.

Die Geduld der Polarlichtfans wird durch die Wolken jedenfalls oft auf die Probe gestellt. Wer ganz sicher gehen will, bucht Touren mit Anbietern, die mit ihren Gästen per Kleinbus zur nächsten Wolkenlücke jagen. Ein Blick aufs Wolkenradar und die Aurora-Vorhersage – ja, so etwas gibt es wirklich! – macht's möglich. Und wenn es an einem bestimmten Abend nicht klappt, muss man sich am nächsten Tag halt wieder auf die Pirsch machen.

Für sein Bild der Umgebung von Tromsø hat »Sentinel-2« eine der seltenen Wolkenlücken erwischt. Dass es an diesem Abend allzu viele Polarlichter gab, ist trotzdem eher unwahrscheinlich. Und das, obwohl der Oktober traditionell als guter Beobachtungsmonat gilt. Doch für den betreffenden Tag verzeichnen die Archive eine extrem niedrige Sonnenaktivität. Der Himmel über der Stadt dürfte also dunkel geblieben sein.

Christoph Seidler

Die Inseln des Milliardärs

Eine winzige Inselgruppe im südlichen

Atlantik weckte einst die Neugier eines

US-Milliardärs. Inzwischen interessieren sich

auch Forscher für das merkwürdige

Farbenspiel im Meer vor den Jason Islands.

Sehr reiche Menschen besitzen oft ziemlich teure Dinge. Sie kaufen sich Villen, Flugzeuge oder riesige Jachten. Manche haben sogar eine eigene Insel irgendwo dort, wo immer die Sonne scheint und das Meer tiefblau ist. Michael Steinhardt kaufte sogar zwei Inseln. Der Amerikaner ergatterte sie vor vielen Jahren, ohne jemals dort gewesen zu sein. Nur ein paar Fotos lagen auf dem Tisch des Hedgefonds-Managers – die reichten, um ihn zu überzeugen.

Grand Jason und Steeple Jason, die beiden Eilande von Steinhardt, liegen mitten im Südatlantik. Sie bieten nicht gerade eine karibische Kulisse für Reiche und Schöne auf Entspannungsurlaub. Nur selten verirrt sich überhaupt ein Mensch auf die zerklüfteten Inseln, die zu den insgesamt sieben Flecken Land der Jason Islands gehören. Höchstens Wissenschaftler interessieren sich für sie – vor allem wegen der Bewohner: Pinguine, Seeelefanten, Seelöwen und viele, viele Vögel. Auf einer der Inseln soll es eine gigantische Kolonie von brütenden Albatrossen geben.

Die Jason Islands, sie sind auf der rechten Seite zu sehen, liegen im äußersten Nordwesten der Falklandinseln, weit vor der Küste Patagoniens. Ihr spanischer Name lautet Islas Sebaldes. Diese Region gehört zu den eher ungemütlichen der Erde. Die durchschnittliche Höchsttemperatur klettert selbst in den wärmsten Monaten von Dezember bis Februar selten über 15 Grad Celsius.

Die Inseln sind karg und felsig. Zwar sollen sie bereits Ferdinand Magellan oder Amerigo Vespucci auf ihren Reisen gesichtet haben, aber keiner der beiden hielt sie wohl für so bedeutend, dass er ihnen einen Namen verpasste.

Dass das Wasser um die Inseln auf der Aufnahme so schön aussieht wie in der Karibik, liegt nicht an der Temperatur, sondern an einem anderen Phänomen: Wirbel aus milchig blauem Wasser weisen auf große Phytoplankton-Teppiche hin, die im Westen der Inseln schwimmen. Die pflanzenähnlichen Organismen, Algen und Bakterien, wandeln in den oberen Meeresschichten und ziehen ihre Energie ähnlich wie Pflanzen aus der Fotosynthese. Wenn sich die Winzlinge massenhaft vermehren, sind sie auch aus großen Entfernungen erkennbar. Die Meeresströmung treibt sie umher und erzeugt dynamische Muster in den Ozeanen.

Im Oktober 2020, als der US-Erdbeobachtungssatellit »Landsat 8« die Aufnahme machte, rätselten die Forscher, welche Mikroorganismen die Färbung verursachen. »Die helle Farbe deutet darauf hin, dass es sich möglicherweise um Coccolithophorida handelt. Aber das ist schwer zu sagen«, sagte Marina Marrari, eine Ozeanografin von der Costa Rica Fishing Federation und dem argentinischen Servicio de Hidrografía Naval.

Coccolithophorida, zu Deutsch Kalkflagellaten, sind winzige einzellige Algen. Sie kommen in der Region eigentlich erst etwas später im Jahr vor. Aber mit der richtigen Nährstoffkombination sei es auch im Oktober schon möglich, so Marrari.

»Das ist so ein wunderschönes Bild«, sagt auch Priscila Lange vom Blue Marble Space Institute of Science in Seattle. Zwar könnten auch Sedimente vom Meeresboden für die weißlichen Farbmuster verantwortlich sein. Aber es sei ein ziemlich großer Fleck, und in diesem Gebiet sind Coccolithophorida-Blüten häufig. Für das aquatische Leben sind die Algen ein wichtiges Glied in der Nahrungskette. Plankton, Fische und andere Meerestiere ernähren sich davon und sorgen so letztlich für die einzigartige Tierwelt der Region.

Dass der Archipel ein besonders artenreiches Juwel ist, war auch Michael Steinhardt bewusst. Der Milliardär verschenkte seine Inseln mittlerweile an die Wildlife Conservation Society, berichtete die »New York Times«. Die Stiftung hat sich den Schutz der Insel-Tierwelt zur Aufgabe gemacht. Immerhin hat Steinhardt die Inseln zwischenzeitlich mal besucht.

Jörg Römer

Ein Berg im Wattenmeer

Im Nordwesten von Frankreich liegt eine mächtige Bucht, hier herrscht ein gewaltiger Tidenhub. Doch berühmt ist das Wattenmeer am Ärmelkanal für einen ganz besonderen Felsen.

Für den Norddeutschen ist ein Wattenmeer eine ziemlich klare Angelegenheit: Das Meer ist da, wo das Wasser ist. Und das Watt ist da, wenn das Wasser weg ist. Wie ein Berg ins Wattenmeer kommen soll, ist dem Norddeutschen schleierhaft. Berge sind dem Norddeutschen ohnehin suspekt. Sie verstellen nur unnötig die Weitsicht und haben in einem ordentlichen Wattenmeer nichts zu suchen.

Doch in der Bucht auf dem Satellitenbild gibt es sogar einen weltberühmten Berg. Es handelt sich um die winzige Insel Mont-Saint-Michel an Frankreichs Nordwestküste. Auf dem Bild, aufgenommen im Jahr 2017 von der europäischen Satellitenmission »Sentinel-2«, ist die Insel kaum zu erkennen. Sie ist ein winziger Punkt im unteren Bereich der rechten Seite, ganz am Rand des grauen Watts nahe der Küste.

Jährlich besuchen diesen Punkt Millionen Touristen, bei Ebbe können sie die paar Hundert Meter sogar zu Fuß durch das Wattenmeer zurücklegen, zudem führt ein Damm hierher. Auf der Insel müssen sie gerade mal etwas mehr als 800 Meter laufen, um sie zu umrunden.

Doch die Besucher kommen nicht, um die mehr als 90 Meter hohen Felsen anzuschauen, sie kommen für das kleine Dörfchen und das eindrucksvolle Kloster, das darauf erbaut wurde und das längst zum Unesco-Weltkulturerbe gehört. Die Abtei Mont-Saint-Michel wurde auf dem Eiland im Mittelalter von Benediktinermönchen errichtet – sie sieht aus wie in einem Fantasy-Film. Der Legende nach träumte im achten Jahrhundert nach Christus ein Bischof vom Erzengel Michael. Der Gottesbote soll ihn mehrfach aufgefordert haben, eine Kirche für ihn zu bauen. Doch erst nachdem er dem Kirchenmann ein Loch in den Schädel brannte, sei dieser der Bitte nachgekommen.

Die Bucht Mont-Saint-Michel, gelegen genau auf der Grenze zwischen der Bretagne im Westen und der Normandie im Osten, ist einer der Orte mit dem stärksten Tidenhub in Europa. Der Unterschied zwischen Ebbe und Flut kann hier bis zu 15 Meter betragen. Wenn die Springfluten ihren Höhepunkt erreichen, zieht sich das Meer etwa 15 Kilometer von der Küste zurück, und wenn das Wasser zurückkehrt, geschieht das so schnell, dass Wattbesucher aufpassen müssen, von den Wassermassen nicht eingeschlossen zu werden.

Der Mont-Saint-Michel

Als das Foto aufgenommen wurde, herrschte gerade Ebbe. Der ausgedehnte Sandboden war freigelegt, er wird von mäandrierenden Kanälen durchzogen.

Die Bucht war jedoch in den letzten Jahrhunderten anfällig für Verlandung. Dass immer mehr Sand angespült wurde, hatte ausgerechnet mit dem Bau des Dammes zu dem berühmten Inselkloster zu tun. Doch ein gezielter technischer Eingriff hat dafür gesorgt, dass der Mont-Saint-Michel seinen maritimen Charakter bewahren konnte. Der Hauptfluss in die Bucht, der Couesnon, wird seit 2009 von einer Schleuse reguliert. Sie sorgt dafür, dass der Fluss größere Mengen des angeschwemmten Sandes wieder abtransportiert.

Zudem gibt es in der Bucht noch einen weiteren Berg aus Felsen, die kleine Gezeiteninsel Tombelaine. Sie ist auf dem Bild etwas oberhalb vom Mont-Saint-Michel zu erkennen. Gewissermaßen befinden sich also gleich zwei Berge im französischen Wattenmeer. Da staunt sogar der stoische Norddeutsche.

Jörg Römer

Von der Gemüsesuppe zum Gottesteilchen

Banken, Uhren – und viele Diplomaten: So stellt man sich Genf vor. Der Ruf der Stadt heute hat auch mit einem Ereignis zu tun, das rund 420 Jahre zurückliegt.

Vielleicht hatte die alte Dame Schlafprobleme, vielleicht trieb sie auch der Lärm in dieser turbulenten Nacht aus dem Bett. So ganz genau weiß man das nicht. Jedenfalls war Catherine Royaume wach, als die Soldaten kamen.

Vom 11. auf dem 12. Dezember 1602 versuchte ein Söldnerheer im Auftrag des Herzogs von Savoyen die Stadt Genf einzunehmen. Zwischen 2000 und 3000 Mann hatte der katholische Herrscher Karl Emanuel losgeschickt, um sich den selbstverwalteten, protestantischen – und nicht eben armen – Stadtstaat unter den Nagel zu reißen. Und rund ein Zehntel der Angreifer hatte im Schutz der Nacht bereits mit Leitern die Stadtmauern überwunden – als die Genfer sich doch noch wehrten. Und zwar mit Macht.

Ein mutiger Nachtwächter ließ am strategisch wichtigsten Stadttor das Fallgatter herunter. In den Straßen der Altstadt wurde Mann gegen Mann gekämpft. Wobei diese Formulierung nicht ganz zutrifft, weil es eben auch mutige Frauen wie Catherine Royaume gab. Aus einem Fenster ihres Hauses am Stadttor La Monnaie, so geht die Geschichte, soll die etwa 60-jährige Dame einen gusseisernen Topf voller heißer Suppe auf einen Savoyarden fallen gelassen haben. Der habe die Attacke nicht überlebt.

Mère Royaume, unter diesem Namen wurde sie bekannt, steht damit sinnbildlich für den Mut der Genfer, der ihnen in einem entscheidenden Moment der Historie ihre Unabhängigkeit bewahrt hat. Gut, zu Napoleons Zeiten gehörte die Stadt einmal für rund 15 Jahre zu Frankreich – aber das ist eine andere Geschichte.

Dieses Bild vom April 2018 zeigt Genf und sein Umland aus gut 400 Kilometern Höhe. Aufgenommen wurde es, wenn man so will, nicht *von* sondern *aus* einem Satelliten – und zwar einem ganz besonderen: Ein Astronaut auf der Internationalen Raumstation hat das Foto gemacht, mit einer Nikon D5 Digitalkamera und einem 1150-Millimeter-Objektiv. Der Name des Fotografen wird traditionell von der US-Weltraumbehörde Nasa nicht genannt. Nur, dass er zum Team der Expedition 55 gehört, ist bekannt.

Im oberen Bereich der rechten Seite ist der Genfer See gut erkennbar. Sichtbar ist auch die Rhône, als Abfluss aus dem See, und die südlich der Innenstadt einmündende Arve. Die Altstadt, wo vor rund 420 Jahren die Einheimischen gegen die Angreifer aus Savoyen kämpften, liegt zwischen dem Ende des Sees und einem kleinen orangen Rhombus südlich der Rhône: Das ist die 78 000 Quadratmeter große Plaine de Plainpalais, eine Freifläche inmitten der Stadt, auf der regelmäßig Flohmärkte stattfinden und Zirkusse gastieren.

Genf gehört seit 1815 zur Schweiz. Die Neutralität machte den Standort attraktiv, über die Jahre hat sich hier auch deswegen eine Vielzahl internationaler Organisationen angesiedelt. Das Internationale Komitee vom Roten Kreuz gehört dazu, der Völkerbund und später die Vereinten Nationen, die Internationale Arbeitsorganisation, die Weltgesundheitsorganisation, die Internationale Organisation für Migration, die Welthandelsorganisation – und das sind längst noch nicht alle.

Die Gebäude der Organisationen liegen, ebenso wie die zahllosen diplomatischen Vertretungen, zum größten Teil zwischen Seeufer und dem markant auf der linken Seite erkennbaren Flughafen mit seiner 3900 Meter langen Landebahn. In den großen, direkt an den Airport angrenzenden Messehallen findet jedes Jahr der weltberühmte Autosalon statt.

Banken und sündhaft teure Uhren, auch dafür ist Genf bekannt. Und im Zollfreilager am Rand der Stadt sollen so viele Kunstschätze eingelagert sein, dass es sich um das größte Museum der Welt handeln würde – wenn man die Preziosen denn jemals ansehen dürfte.

Aber auch für die Wissenschaft ist die Stadt von herausragender Bedeutung, schließlich ist hier die Europäische Organisation für Kernforschung zu Hause. Besser bekannt ist das größte teilchenphysikalische Forschungszentrum der Welt unter der Abkürzung seines französischen Namens: Cern. Hier erfand der britische Physiker und Informatiker Tim Berners-Lee im Jahr 1989 das World Wide Web, eigentlich um Forschungsdaten besser zu organisieren.

Genau genommen liegen die Labore und Werkstätten des Cern übrigens teils auf französischem und teils auf schweizerischem Gebiet. Genauso verhält es sich auch mit den Tunneln, in denen die Experimente aufgebaut sind. Der größte von ihnen, der 2008 in Betrieb genommene Large Hadron Collider, kurz LHC, ist ganze 26,7 Kilometer lang.

Am LHC gelang im Sommer 2012 der Nachweis des letzten noch nicht endgültig bestätigten Teilchens im Standardmodell der Teilchenphysik. Für die Entdeckung des Higgs-Bosons, oft auch etwas unwissenschaftlich als »Gottesteilchen« bezeichnet, gab es bereits im Jahr darauf den Nobelpreis – allerdings nicht für die Forscher am Cern. Die

Ehrung ging stattdessen an die Physiker François Englert und Peter Higgs, die das Partikel bereits 1964 vorhergesagt hatten.

Insgeheim haben sich viele Forscher aber sogar noch etwas mehr vom LHC erhofft. Die Megamaschine, in der Kollisionen von Protonen oder Blei-Kernen bei extrem hohen Energien untersucht werden, sollte Hinweise auf eine Physik jenseits von allem Bekannten liefern. Doch bisher haben die Erkenntnisse das Standardmodell der Teilchenphysik vor allem in nicht gekannter Detailtiefe bestätigt. Immerhin soll der LHC, mit Umbaupausen, noch bis 2035 laufen. Vielleicht klappt es ja bis dahin.

Zum Schluss noch ein paar Worte zu Mère Royaume. Die Genfer erinnern sich bis heute an sie. Zur Fête de l'Escalade gibt es zum Jahrestag der fehlgeschlagenen Erstürmung der Stadt unter anderem einen Fackelzug und einen Stadtlauf. Gesungen wird außerdem das Lied »Cé qu'è lainô« von 1603, das in altem Genfer Dialekt von den Ereignissen berichtet. Von den 68 Strophen werden – der Einfachheit halber – normalerweise nur vier zu Gehör gebracht.

Wichtigster Bestandteil der Feier sind Süßigkeiten. Im Dezember werden in den Läden der Stadt Schokoladentöpfe verschiedenster Größen- und Preisklassen verkauft, die mit Marzipangemüse gefüllt sind. Diese Marmites de l'Escalade werden dann nicht einfach nur verspeist, erst müssen sie vom Jüngsten und dem Ältesten aller Anwesenden gemeinsam zertrümmert werden. Dabei wird der Satz gesagt: »Et qu'ainsi périssent les ennemis de la république!«, übersetzt: »Und so sollen die Feinde der Republik umkommen!«

Christoph Seidler

Das Loch im Riff

Das Meer vor der Küste des kleinen

mittelamerikanischen Landes Belize ist

der Traum eines jeden Werbefilmers.

Denn die Farben sehen hier so aus, als hätte

jemand Kontraste und Sättigung weit

über das natürliche Maß erhöht.

Türkisfarbenes Wasser erstreckt sich zwischen den vielen kleinen Inselchen. Es schillert in unzähligen Farbnuancen – von sanftem Grün bis tiefem Blau. Und draußen am Riff, wo sich die Wellen brechen, schimmert die schäumende Gischt auch mal in strahlendem Weiß – genau wie die Strände der kleinen Atolle.

Doch schon aus der Luft fällt am Barrier Reef ein kreisrunder Punkt aus dem Schema. Das Great Blue Hole. Es sieht so aus, als hätte jemand in der durchschnittlich nur drei Meter tiefen Lagune den Stöpsel gezogen. Ein Loch von gut 300 Metern Durchmesser und mehr als 120 Metern Tiefe klafft im Riff, fast im Herzen des Lighthouse-Atolls. Selbst aus dem All fällt es aufgrund seiner perfekten geometrischen Form und seiner dunkleren Farbe auf. Was ist hier passiert?

Die Erklärung für das Phänomen, das bei erfahrenen Tauchern Tiefenrausch auslöst, ist eine geologische Spezialität der Region. Viele Bereiche der Halbinsel Yucatán und auch um sie herum bestehen aus zerklüftetem Kalkstein. Gegen Ende der letzten Kaltzeit vor rund 12 000 Jahren brachen Hohlräume ein und ließen die unterseeischen Dolinen entstehen, runde Vertiefungen der Erdoberfläche. Das passierte auch an vielen anderen Stellen auf dem Festland – diese durch Einsturz entstandenen Löcher sind in Mexiko als Cenotes bekannt. Einige sind eine Touristenattraktion, die mitten im Urwald Badende anzieht. Andere sind kaum erforscht. Die Löcher sind meist nur die winzige Öffnung zur Oberwelt und Teil eines größeren Höhlensystems, viele sind miteinander verbunden.

Auch das legendäre Great Blue Hole im Karibischen Meer vor Belize ist kein zylinderförmiges Gebilde. In mehr als 35 Metern Tiefe liegt der Eingang zu einem Höhlensystem. Es ist aber nicht sehr weitläufig.

Taucher im Great Blue Hole

Auf dem Weg zum Grund verändert sich das Leben in dem Loch. Während Taucher in den oberen Schichten die ganze Vielfalt von Flora und Fauna des Korallenriffs bestaunen können, wird es in der Tiefe zunehmend karger und dunkler.

Bei der Erkundung solcher auch »sinkholes« genannten Unterwasserlöcher stießen Forscher auf ein interessantes Phänomen: Die Zusammensetzung des Wassers ändert sich mit der Tiefe. Genau wie bei unterschiedlichen Erdschichten gibt es auch unterschiedliche Wasserschichten, die aufeinanderliegen. An einem der Übergänge zwischen zwei Schichten, in rund 90 Metern Tiefe, droht Gefahr: Denn diese Region weist eine große Menge an giftigem Schwefelwasserstoff auf. In hoher Konzentration kann die chemische Verbindung tödlich sein. Zudem sinkt der Sauerstoffgehalt massiv, unterhalb der Schicht ist praktisch keiner mehr vorhanden.

Doch auch dort fanden Forscher Interessantes. Auf dem Boden des Lochs hatten sich die Sedimente im Laufe der Jahrtausende meterhoch aufgetürmt. Praktisch unberührt von den Strömungen im Meer und gut konserviert lagen sie auf dem Grund des Meeres. Und aus den Sedimentkernen lassen sich aufschlussreiche Daten beispielsweise zur klimatologischen Entwicklung der Region ziehen.

Einer der Ersten, der sich für die wundersame Unterwasserwelt vor Belize interessierte, war der Ozeanforscher Jacques Cousteau. Anfang der Siebzigerjahre fuhr der berühmte Franzose mit der noch berühmteren roten Strickmütze mit seinem Schiff, der »Calypso«, zum Great Blue Hole. Was er entdeckte, mutete zunächst merkwürdig an. Die Taucher fanden in der Tiefe Stalaktiten und einige Stalagmiten. Ein fast drei Meter langes und rund eine Tonne schweres Stück beförderten sie aus dem Loch.

Solche Formationen entstehen üblicherweise, wenn Wasser tropft. Im Meer kann aber nichts tropfen. Die Höhle, aus der das Great Blue Hole entstand, war anscheinend nicht immer mit Wasser gefüllt. Das war wohl während der letzten Eiszeit der Fall, als die Wassermassen als gefrorene Gletscher gebunden waren. Damals höhlte der Regen die Kalksteinschichten aus wie einen Schweizer Käse. Als dann die Warmzeit begann, schmolzen die Gletscher, und die Höhle des Great Blue Hole lag plötzlich mitten im Meer, rund 70 Kilometer entfernt vom heutigen Belize City, der größten Stadt des Landes.

Auch andere solcher Löcher sind bekannt, sie entstanden vermutlich auf ähnliche Weise. Bei den Bahamas liegt beispielsweise das Dean's Blue Hole, ganz nah an einem Strand der Insel Long Island. Es ist über 200 Meter tief. Und in Ägypten kamen immer wieder Taucher in einem Blue Hole vor der Küste der Sinai-Halbinsel am Golf von Aqaba ums Leben. Und erst 2016 wurde im südchinesischen Meer in der Nähe der Paracel-Inseln ein Rekordloch entdeckt, das mehr als 300 Meter tief ist und damit als das tiefste bisher bekannte gilt.

Seitdem Jacques Cousteau über das Loch von Belize in einem Dokumentarfilm berichtete, ist der Ruhm der geologischen Attraktion gewachsen. Vor einigen Jahren tauchte ein Team um den Milliardär und Abenteurer Richard Branson zusammen mit Cousteaus Enkel in einem U-Boot hinab und brachte Aufnahmen von dort mit.

Das Great Blue Hole zählt heute zu den weltweit besten Tauchgebieten und ist Motiv auf unzähligen Postkarten. Viele Touristen buchen einen Tagestrip dorthin, doch tief in die Dunkelheit vordringen dürfen nur sehr gut ausgebildete Taucher. Und das sind die wenigsten. Aber auch in den übrigen seichteren Gewässern des kleinen Karibikstaates gibt es genug zu sehen.

Die von der Unesco zum Weltnaturerbe erklärte Unterwasserwelt des Belize Barrier Reef, des weltweit zweitgrößten Riffsystems, zieht jedes Jahr viele Sporttaucher an. Auf den beliebten Touristeninseln Caye Caulker und Ambergris Caye, die Madonna in ihrem Hit »La isla bonita« besang, genießt man zudem ein unbeschwertes Leben an den Stränden. Und nach dem Tauchgang bleibt immer noch die Möglichkeit, das wundersame Farbspiel der Karibik bei einem kühlen Getränk zu bestaunen.

Jörg Römer

Das Wüstenschiff

Die Cheops-Pyramide am Rand von Kairo

gehört zu den beeindruckendsten Bauten

der Menschheit. Am Südrand des Komplexes

nahm in den Fünfzigerjahren die Karriere

eines Mannes Fahrt auf, der in Ägypten bis

heute verehrt wird.

Pyramiden sind in Ägypten so allgegenwärtige Motive wie anderswo Sterne oder Kreuze. Das Label einer der bekanntesten Biermarken des Landes ziert beispielsweise eine Pyramide. Und beim Logo der ägyptischen Tageszeitung »Al Ahram« sind es gleich drei. Die Redaktion im Herzen von Kairo mit den gigantischen Druckmaschinen im Keller hat nur ein paar Kilometer von den berühmten Pyramiden von Gizeh ihren Sitz. »Al Ahram« bedeutet übersetzt nichts anderes als »Pyramiden«.

Bei dem staatseigenen Blatt arbeitete viele Jahre ein Mann, dessen Schicksal für immer mit der größten und berühmtesten der drei, der Cheops-Pyramide, verbunden sein wird. Sein Name ist Kamal el-Mallakh. Er wurde im heißen ägyptischen Süden in eine koptisch-christliche Familie geboren und studierte später Architektur. Bei »Al Ahram« schrieb el-Mallakh in seiner eigenen Kolumne über alles, was ihm in den Sinn kam. Er verantwortete die beliebte letzte Seite der Zeitung und soll dafür gesorgt haben, dass viele Menschen das Blatt lieber von hinten nach vorn lasen.

Im Laufe seiner Karriere hatte sich el-Mallakh immer mehr für Filme interessiert und das Internationale Filmfestival von Kairo mitgegründet. Zudem verfasste der vielseitig Interessierte Bücher über Kunst und Geschichte. Doch Anfang der Fünfzigerjahre schien das Schicksal einen ganz anderen Plan mit ihm zu haben. Damals arbeitete el-Mallakh, der auch einen Abschluss in Ägyptologie besaß, als Architekt für die damalige Altertumsbehörde in Gizeh.

Er ließ am Südfuß der auf dem Bild auf der linken Seite liegenden Cheops-Pyramide einen Berg von meterhohem Schutt räumen. Darunter fand sein Trupp die Reste einer Mauer, die einst den heute gut 140 Meter hohen Totenbau umgab. Unter diesen Steinen stießen die Forscher auf einige mächtige Felsquader, die zwei längliche Schächte bedeckten. Eine dicke Mörtelschicht auf den Klötzen versiegelte die Gruben unter ihnen – kein Luftzug konnte entweichen.

Als el-Mallakh die östliche Kammer öffnen ließ und in den Schacht schaute, entdeckte er eine Sensation. Dort lag ein säuberlich zerlegtes Schiff von mehr als 40 Metern Länge. Die Barke war ausgestattet mit Rudern und einer Kajüte. Auch nach 4500 Jahren war das Holz noch in hervorragendem Zustand.

In jahrelanger Arbeit setzten Restauratoren anschließend eines der am besten erhaltenen Schiffe der Antike wieder zusammen. Lange stand es in einem eigenen kleinen Museum, es ist das leicht oval anmutende Gebäude gleich hinter der Pyramide im linken, oberen Bildteil. Damals stellte sich die Frage: Was macht ein Schiff in der Wüste?

Vermutlich fuhr es zu Lebzeiten des Pharaos nie über den Nil, dessen Ostufer heute rund acht Kilometer Luftlinie entfernt ist. Die meisten Archäologen glauben, dass das Boot, das ohne einen einzigen Metallnagel zusammengehalten wird, dem Pharao im Jenseits dienen sollte. Seine Seele konnte damit über den Himmel fahren – nach den kosmologischen Vorstellungen der alten Ägypter. Pharao Cheops hätte dazu gleich mehrere Barken nutzen können, denn um seine Pyramide wurden weitere Bootsgruben gefunden, wenngleich viele von ihnen leer waren.

Der Fund von 1954 machte Kamal el-Mallakh auf der ganzen Welt berühmt. Er arbeitete fast eineinhalb Dekaden auf dem Gizeh-Plateau, ehe er die Pyramiden dort gegen die von »Al Ahram« eintauschte und das Angebot das damaligen Chefredakteurs Mohamed Hassanein Heikal annahm. Dennoch zog es ihn immer wieder an seine alte Arbeitsstätte.

Denn die Pyramiden von Gizeh, im Südwesten von Kairo am Rand der Wüste, sind ohne Übertreibung mit das Beeindruckendste, das Menschen jemals gebaut haben. Und wer einmal dorthin reist und sich seinen Weg durch die Schar der äußerst geschäftstüchtigen Andenkenverkäufer bahnt, der steht meist staunend vor dem winzigen Eingang der höchsten Pyramide aller Zeiten, der Cheops-Pyramide.

Auf der linken Seite des Bildes wirkt der alte Zugang nur wie eine kleine Kerbe im Stein. Und wer heute das Innere des Baus erkunden will, der muss zu einem noch winzigeren Eingang klettern, der etwas unterhalb liegt – dem Al-Ma'mun-Tunnel. Diesen soll ein Kalif vor mehr als 1000 Jahren angelegt haben. Durch ihn gelangen die Besucher noch heute in die Pyramide, wenn sie sich auf den Weg zur Grabkammer mit dem mächtigen Granitsarkophag machen. Dieser wurde aus einem Stück gearbeitet und ist so groß, dass er schon an Ort und Stelle gestanden haben muss, bevor die Kammer überhaupt errichtet wurde.

Wer diese Tour auf sich nimmt, der sollte ein entspanntes Verhältnis zu engen Räumen haben. Deshalb steigt längst nicht jeder in die Cheops-Pyramide. Und hinaufklettern darf man nicht mehr. Aber es gibt auch um die Pyramiden genug zu sehen, wie das Satellitenbild zeigt. Denn tatsächlich wurden auf dem riesigen Kalksteinplateau, auf dem die übergroßen Denkmäler der Pharaonen gebaut wurden, schon vorher Grabbauten errichtet. Seit der ersten Dynastie bestatteten die Menschen hier ihre Toten. Deshalb wurden etliche sogenannte Mastabas ausgegraben, dabei handelt es sich um Flachbauten mit angeschrägten Wänden. Im Grunde ist es so, als hätte jemand den Großteil einer länglichen Pyramide abgesägt, sodass nur noch eine Basis übrig bleibt.

Mastabas stehen in der Bildmitte, ein paar Meter abseits der parallel zur Pyramide verlaufenden Straße ist ein einziger riesiger Friedhof. Der Tod ist in Gizeh allgegenwärtig – das zeigt auch die Chephren-Pyramide rechts im Bild.

Vielleicht fragen Sie sich, warum wir Ihnen dieses Bild zeigen. Schließlich ist der Grabmal-Komplex mit den drei mächtigen Kolossen, von denen man hier immerhin zwei sieht, auch ohne Satellitentechnik gut zu sehen. Aber schauen Sie sich das Bild einmal genauer an. Die Auflösung ist so gut, dass man jeden Touristen und Andenkenhändler einzeln zählen könnte.

Das liegt an den äußerst leistungsfähigen »Pléiades Neo«-Satelliten

Die Sonnenbarke des Cheops

von Airbus, die erst im Frühjahr 2021 ihren Dienst aufgenommen haben. Der Verbund aus insgesamt vier identischen Satelliten zeigt, was derzeit bei der Erdbeobachtung möglich ist. Bilder auf 30 Zentimeter genau stehen Kunden sowohl aus dem zivilen als auch aus dem militärischen Sektor zeitnah zur Verfügung. Jeden Tag nimmt ein Satellit ein Gebiet von einer halben Million Quadratkilometern auf.

Man könne sogar die Blöcke der Pyramiden zählen, schreibt Airbus über das Bild aus Kairo, das zu einem der ersten gehörte, die veröffentlicht wurden. An so einem Instrument hätte sicher auch der Filmenthusiast Kamal el-Mallakh seine Freude gehabt. Als er 1987 starb, berichteten Zeitungen in aller Welt darüber.

Jörg Römer

4 Achtung, Achtung

Hier droht Gefahr

Unsere Erde ist im Grunde wie ein Pfirsich aufgebaut. Wie die zarte Schale der Frucht ist auch die Erdkruste im Verhältnis sehr dünn. Unter Kontinenten reicht sie etwa 40 Kilometer in die Tiefe. Unter den Ozeanen sind es nur rund sieben Kilometer, teils sogar deutlich weniger, am Mittelatlantischen Rücken etwa. Das gesamte Leben spielt sich auf der Erdkruste ab, hier finden sich auch alle von uns genutzten Rohstoffe. Der größte Teil unseres Planeten besteht jedoch aus Erdmantel und Erdkern. Hier ist es mehrere Tausend Grad Celsius heiß. Fruchtfleisch und Stein unseres Pfirsichs haben es in sich.

Manchmal bekommen wir einen Eindruck von der Energie im Untergrund. Wenn Vulkane Lava spucken, wenn die Platten der Erdkruste im Zeitlupentempo auseinanderreißen, wenn sie untereinander abtauchen, sich aneinander reiben, wenn deswegen die Erdoberfläche erzittert oder riesige Tsunamiwellen die Küsten bedrohen.

An manchen Orten muss sich der Mensch mit den Kräften der Erde, so gut es geht, arrangieren, an den Feuerbergen von Bali oder Hawaii zum Beispiel. Manchmal bleibt ihm aber auch nichts anderes übrig, als zu kapitulieren, etwa wenn geologische Ereignisse zu gigantischen Flutwellen führen, wie sie in Teilen von Alaska drohen. Die kleineren und größeren Katastrophen erinnern daran, dass die Erde kein statisches Gebilde ist, sondern im Inneren unseres Planeten gewaltige Kräfte am Werk sind.

Aus der Nähe sollte man solchen Ereignissen nicht beiwohnen, aber aus der Luft kann man sie als beeindruckende Schauspiele der Urgewalt der Erde bestaunen. Satellitenbilder machen es möglich. Und manchmal fangen sie gar Ereignisse ein, die geradezu paradox anmuten: Wenn ausgerechnet im kalten Südpolarmeer ein See aus Lava entsteht, der von Eis umgeben ist, schauen sogar die Forscher der Nasa ganz genau hin. Denn so etwas passiert äußerst selten.

Stille Wasser

... sind nicht nur tief, sondern auch gefährlich.
Ein See im Kīlauea-Vulkan auf Hawaii galt als
Zeichen für einen baldigen Ausbruch. Deshalb
hatten ihn Forscher besonders im Auge.

Der Kīlauea auf Hawaiis Insel Big Island ist einer der aktivsten Vulkane der Erde. Er brodelt seit 1983, mal stärker, mal schwächer. Im Frühjahr 2018 brach der Vulkan aus: Damals bildeten sich in einem bewohnten Gebiet neue Spalten im Boden, aus denen Lava floss. Die Eruptionen waren so heftig, dass sie mehrere Erdbeben auslösten. Zwei Menschen starben, 600 Häuser wurden zerstört und 10 000 Bewohner vorsorglich gebeten, ihre Häuser zu verlassen.

Später beruhigte sich die Lage wieder. Der kreisrunde Halemaumau-Schlot blieb relativ ruhig. Er liegt im großen Krater am Gipfel des Kīlauea, der etwa vier Kilometer breit ist und bereits Anfang des 20. Jahrhunderts mit Lava gefüllt war.

Im Juli 2019 bemerkten Hubschrauberpiloten jedoch, dass sich ein Teich im untersten Teil des Kraters gebildet hatte. Das Wasser stieg stetig. Unser Bild des US-Satelliten »Landsat 8« zeigt den Stand im Frühjahr 2020. Rund ein halbes Jahr später hatte der See eine Tiefe von ungefähr 49 Metern, seine Oberfläche war etwa fünf Fußballfelder groß. Die rostbraune Farbe entstand durch chemische Reaktionen zwischen Wasser und Vulkangestein.

Das Wasser hielten die Forscher des U.S. Geological Survey (USGS) keinesfalls für ein friedliches Signal. Es sei sehr wahrscheinlich das Anzeichen einer bevorstehenden Eruption, erklärten sie. Der See im Krater könnte den nächsten Ausbruch sogar befördern, so die Wissenschaftler.

Sie beobachteten den Vulkan deshalb besonders genau. Dafür ließen sie Drohnen über den Krater fliegen, die regelmäßig Fotos machen. Mit Hubschrauberflügen über dem See überzeugten sich die Forscher auch persönlich davon, dass alles noch ruhig war. Wichtig waren aber auch regelmäßige Messungen, etwa der Wassertemperatur oder von Gasen, die über dem See lagen. Auch die Daten von Bodensensoren und Wärmebildkameras wurden ausgewertet.

Ein letzter Baustein des Überwachungssystems waren Satelliten. Sie lieferten präzise Bilder vom Zustand des Sees. Mit Radartechnik können die Forscher auch Veränderungen an der Landoberfläche erkennen.

Nach einem Ausbruch des Kīlauea

»Die Möglichkeit, einen so jungen Vulkansee zu überwachen, ist selten«, schrieb die Forschergruppe. »Der Kratersee von Kīlauea gibt uns die Möglichkeit, besser zu verstehen, wie sich solche Seen entwickeln und wie sie mit dem darunter liegenden Magma interagieren.«

Für Hobby-Vulkanologen war die totale Überwachung des Sees ebenfalls von Vorteil: Dadurch entstanden eine ganze Reihe spektakulärer Vulkansee-Bilder, zum Beispiel von einem leuchtenden Regenbogen über dem trüben Wässerchen. Im Dezember 2020 begann dann eine neue Eruption aus Spalten im Halemaumau-Krater. Das Wasser verdampfte, stattdessen bildete sich ein neuer See aus Lava.

Susanne Götze

Im Würgegriff der Wasserpest

Ein See in Mexiko verliert immer mehr

Wasserfläche an eine hübsche Zierpflanze,

die das Leben unter sich erstickt.

Das Problem besteht global, zeigt eine Studie.

Mexikos Millionenstadt Puebla hat einiges zu bieten. Wunderschöne Kolonialhäuser sowie alte Klöster und Kirchen ziehen jedes Jahr viele Touristen in die mehr als 2000 Meter hoch gelegene Stadt im zentralmexikanischen Tal. In der Umgebung ragen mächtige Vulkane und die Berge der Sierra Nevada in den Himmel. Im Süden grenzt die Stadt an den Valsequillo-See.

Das Gewässer war einst für seine verzweigten Wasserläufe bekannt. Doch seit einigen Jahren erlebt es eine grüne Invasion: Wasserhyazinthen haben weite Teile des Sees überwuchert. Heute bedecken sie die Hälfte der Wasserfläche. Die frei schwimmende Pflanze bildet schnell dichte Teppiche, die von Tieren nicht gefressen werden. Ursprünglich stammt die Wasserhyazinthe aus dem Amazonas. Sie wurde wegen ihrer Blütenpracht gerne als Zierpflanze verwendet. Doch inzwischen ist sie als invasive Art gefürchtet.

Vor allem die Dickstielige Wasserhyazinthe (Eichhornia crassipes) hat sich in vielen Seen stark ausgebreitet, und das führt zu Problemen: Sonnenlicht dringt nicht mehr ins Wasser, andere Pflanzen und Fische sterben. Außerdem entzieht die grüne Masse dem Wasser Sauerstoff, in der Folge steigt der Säuregehalt. Die riesigen Wasserhyazinthen-Teppiche behindern zudem Schifffahrt und Fischerei. Zusätzlich sinkt in manchen Gewässern die Fließgeschwindigkeit, dadurch lagert sich mehr Schlamm auf dem Grund ab, es kommt zur Verlandung.

Auf dem Bild ist die Ausbreitung im Valsequillo-See gut zu sehen. Es handelt sich um ein Falschfarbenbild der europäischen Satellitenmission

»Sentinel-2«. Klares Wasser ist gewohnt blau, aber die Vegetation rot dargestellt. Die Aufnahme stammt aus dem Januar 2020.

Mit der globalen Ausbreitung von Wasserhyazinthen hat sich auch eine Studie von Forschern der ETH Zürich beschäftigt. Sie zeigt, dass die Invasion von Wasserhyazinthen in Stauseen in den letzten Jahrzehnten weltweit zugenommen haben, trotz kostspieliger Anstrengungen zur Kontrolle der Pflanzen. Dafür analysierten die Wissenschaftler 20 Stauseen in den Tropen und Subtropen und werteten Satellitendaten aus drei Jahrzehnten aus.

»Die Situation hat etwas Ironisches. Wasserhyazinthen wurden wegen ihrer Schönheit hergebracht, können aber schnell zu einem Monster heranwachsen«, sagte Scott Winton, einer der Studienautoren. »Man kann sich Stauseen auf der ganzen Welt ansehen und ein ähnliches Muster erkennen.« Insbesondere in den letzten zehn Jahren sei die Pflanzenausbreitung noch einmal angestiegen. Eine der stärksten Zunahmen zeigte sich am Valsequillo-See.

Die Forscher glauben, auch einen Grund für das Pflanzenwachstum herausgefunden zu haben. Denn die Ausbreitung der grünen Teppiche ging mit einer Zunahme von urbanen Flächen an den Seeufern einher, zeigten die Satellitendaten. Am Valsequillo-See gab es von 1992 bis 2015 zusätzlich 200 Quadratkilometer neue urbane Fläche. Siedeln mehr Menschen an dem Gewässer, scheinen sich auch die Wasserhyazinthen auszubreiten. Wie kann das sein?

»Die rasche Verstädterung geht oft mit unbehandeltem Abwasser einher, das in die Seen gelangt und Nährstoffe liefert, mit denen die Pflanzen gedeihen können«, so Fritz Kleinschroth, Mitautor und Landschaftsökologe an der ETH Zürich. Hinter den Pflanzenmassen steckt also im Grunde das Problem der Wasserverschmutzung.

Allerdings führen die Wasserhyazinthen nicht nur zu Problemen, sie können auch welche lösen. Ihnen kommt eine wichtige Rolle bei der Reinigung der Gewässer zugute. Bei Untersuchungen in zwölf Reservoirs stellten die Forscher fest, dass die Pflanzen einen Großteil der überschüssigen Nährstoffe im Wasser aufgenommen hatten. Und somit beispielsweise übermäßiges Algenwachstum verhinderten.

Die Fähigkeit der Pflanzen lässt sich sogar auf clevere Art und Weise nutzen: Abwasser könnte zuerst in kleine Teiche voller Wasserhyazin-then geleitet werden. Dort nehmen die Teppiche viele Nährstoffe auf, bevor das Wasser in den Hauptsee weitergeleitet wird. Untersuchungen haben gezeigt, dass Wasserhyazinthen sogar Giftstoffe aus dem Wasser filtern können. In Bangladesch sollen sie als eine Art natürlicher Che-miefilter wirken und giftiges Arsen aus Trinkwasser ziehen.

Jörg Römer

Das Vulkan-Chamäleon

In kaum einem anderen Staat gibt es so viele Vulkane wie in Indonesien. Auf der Insel Bali hat ein Satellit gleich drei Feuerberge auf einmal abgelichtet. Einer ist besonders gut getarnt.

Ausbruch des Agung (2017)

Die indonesische Insel Bali wird auch als Mallorca der Austra-
lier bezeichnet. Ähnlich wie die Deutschen ans spanische Mittelmeer,
reisen die Aussies auf die Insel, um einmal im Jahr reichlich Alkohol zu
tanken. Doch der Ruf als Insel für Saufgelage wird Bali nicht gerecht.

Verlässt man die Partyhochburgen im Süden der Insel, warten beeindruckende Landschaften. Der Osten beispielsweise ist von dichter Vegetation überzogen. Diese grüne Region hat die europäische Satellitenmission »Sentinel-2« im Juli 2018 fotografiert.

Auf dem Bild sind mehrere Vulkane zu sehen. Das verwundert nicht:
Indonesien beherbergt so viele Feuerberge wie kein anderes Land der
Welt. Die Inseln Java, Lombok, Sumbawa und Bali liegen geologisch

betrachtet an einer sogenannten Subduktionszone: Hier gleitet die Australische Platte unter die Eurasische, was den Untergrund immer wieder beben und Vulkane speien lässt. Die Region ist Teil des Pazifischen Feuerrings.

Am deutlichsten sticht auf der Aufnahme der Vulkan Agung hervor. Er ist mit gut 3000 Metern der höchste Berg auf Bali und noch aktiv. Bricht der Vulkan aus, ist es ratsam, Abstand zu halten. Bei Eruptionen Anfang der Sechzigerjahre starben mehr als 1000 Menschen, 80 000 verloren ihr Zuhause. Es war einer der heftigsten Vulkanausbrüche im 20. Jahrhundert.

Anschließend blieb der Agung mehrere Jahrzehnte ruhig, im November 2017 brach er jedoch erneut aus. Glücklicherweise konnten 100 000 Menschen aus der Gefahrenzone evakuiert werden, um sie vor heißer Lava sowie Schlamm- und Schuttströmen zu schützen, die während der Regenzeit zusätzlich durch einen Vulkanausbruch entstehen können.

Der Agung blieb mehr als anderthalb Jahre aktiv und spuckte etwa im Juni 2018 so viel Asche, dass Flüge auf Bali gestrichen werden mussten. Die Aschesäule des Vulkans kann mehrere Kilometer in die Atmosphäre reichen. Ist der Berg dagegen ruhig, dient er Touristen und Pilgern als Ausflugsziel. Im Hinduismus gilt er als heiliger Berg, auf etwa 900 Metern Höhe befindet sich ein Tempel.

Weniger deutlich im Bild zu erkennen sind die beiden anderen aufgenommenen Vulkane. Nordwestlich des Agung liegt der 1717 Meter hohe Mount Batur, auf der linken Seite. Er ist ebenfalls aktiv, aber dennoch der bei Touristen beliebteste Vulkan der Insel. Auffällig ist seine ungewöhnliche Form. Der Vulkankegel sitzt zwischen zwei Kratern. Neuere Untersuchungen zeigen, dass Agung und Batur über Magmakanäle verbunden sein könnten.

Am rechten Rand des Bildes befindet sich der 1142 Meter hohe Mount Seraya. Sein vulkanisches Gestein bildet einen schroffen Untergrund. Der Vulkan ist überzogen von üppiger Vegetation, weshalb er aus dem All kaum auffällt.

Julia Merlot

Eisiger Tsunami

Ein schmelzender Gletscher in Alaska könnte durch einen Erdrutsch einen Tsunami auslösen. Vom Himmel aus wirkt die Zeitbombe friedlich.

Eigentlich wollte Chunli Dai nur ihre neuesten Werkzeuge zur Erkennung von Erdrutschen testen. Doch dann stieß die Postdoktorandin der Ohio State University in Alaska auf eine in absehbarer Zeit bevorstehende Katastrophe, von der allerdings niemand genau weiß, wann sie geschieht.

Als Dai im Prinz-William-Sund den Barry-Gletscher untersuchte, konnte sie es nicht glauben: Ein riesiger Berghang in der Nähe bewegte sich langsam, fast unmerklich. Ihr wurde schnell klar: Wenn die Erdmassen plötzlich in den schmalen Fjord hinunterstürzen, wird das einen extrem großen Tsunami erzeugen. Und die Form des Fjords würde die Welle noch verstärken.

Auch nach mehrmaligem Nachrechnen blieben die Zahlen schwindelerregend: Die Fallhöhe, das Volumen der Erdmassen und der Neigungswinkel ergaben, dass der Erdrutsch eine Welle von mehreren Hundert Metern Höhe auslösen wird.

Sie könnte sogar den größten jemals beobachteten Tsunami übertreffen: Im Jahr 1958 verursachte in der Lituya Bay in Alaska ein Erdbeben einen Tsunami, weil Millionen Kubikmeter Fels aus einer Höhe von 600 Metern in den Fjord stürzten. Die Welle des Tsunamis gilt mit 500 Metern als eine der größten überhaupt.

Augenzeugen sprachen damals von einem Ereignis wie nach einem Atombombeneinschlag, weil die Wucht auch noch mehrere Kilometer entfernt Bäume entwurzelte. Die Lituya-Bucht liegt nur rund 500 Kilometer südöstlich des aktuellen Tsunami-Hotspots.

Tsunamis gibt es in der Arktis immer mal wieder. Erst vor wenigen Jahren zerstörte in Grönland eine gewaltige Welle ein Fischerdorf und tötete mehrere Menschen.

Aber zurück zum Prinz-William-Sund: Das Bild des US-Satelliten »Landsat 8« zeigt die Bucht im August 2019, also in etwa zu der Zeit, als die besorgniserregenden Entdeckungen gemacht wurden. In der Bildmitte der rechten Seite sind drei Gletscher zu sehen, der Barry-Gletscher ist der in der Mitte.

Die Erdmassen am Barry-Gletscher bewegen sich auch deshalb Richtung Fjord, weil der Gletscher seit Jahren schrumpft. Durch steigende Durchschnittstemperaturen ist nur noch rund ein Drittel der früheren Eisbedeckung übrig geblieben. Die Sommer in der Arktis werden länger, die Winter sind milder mit teilweise hohen Rekordtemperaturen.

So hat das lose Geröll des Berghanges nur noch wenig Halt. Kommen nun noch Extremwetter wie Hitzewellen oder Starkregen hinzu, könnte das Abrutschen des Hanges beschleunigt werden.

Wissenschaftlerin Chunli Dai hat deshalb die lokalen Behörden alarmiert. Inzwischen arbeiten mehrere Forschungsgruppen an dem Tsunamigletscher. Sie kamen zur gleichen Erkenntnis wie die Postdoktorandin und veröffentlichten im Mai 2020 einen offenen Brief, um Aufmerksamkeit zu schaffen.

Innerhalb von 20 Jahren werde es sehr wahrscheinlich zu einer Tsunamikatastrophe kommen, heißt es darin. Da viele Touristen die Bucht besuchen und es in der Gegend mehrere kleinere Ortschaften gibt, müssten Vorkehrungen getroffen werden.

Anhand von älteren Satellitenbildern konnten die Forscher rekonstruieren, dass sich der Hang schon seit einer ganzen Weile bewegt. Allerdings habe sich das zwischen 2009 und 2015 merklich beschleunigt, als die Vorderseite des Barry-Gletschers zu schmelzen begann.

Mittlerweile sind Behörden, Forscher und auch Institutionen wie das U.S. Geological Survey und die National Oceanic and Atmospheric Administration (NOAA) dabei, ein Überwachungssystem aufzubauen. Mit Satelliten und Radar soll jede Bewegung des Erdhanges überwacht werden.

Alaskas Ministerium für Natürliche Ressourcen befürchtet »verheerende Auswirkungen für Fischer und Erholungsuchende«, wenn es zu dem »immer wahrscheinlicher werdenden Tsunami« kommen sollte. Besucher und Anwohner werden gewarnt, die Gefahrenzonen in der Nähe des Gletschers zu meiden.

Susanne Götze

Big Bang im Schwabenland

Das Städtchen Nördlingen fasziniert mit seiner malerischen Mittelalterarchitektur. Doch vor 15 Millionen Jahren ereignete sich in der Region eine unvorstellbare Katastrophe. Spuren davon sieht man auch aus dem All.

Selbst aus dem All betrachtet, vermittelt Nördlingen noch einen Hauch schwäbische Beschaulichkeit. Die roten Dächer des 20 000-Einwohner-Städtchens zwischen den sorgfältig angelegten Feldern sind fast so kreisrund angeordnet, als hätte man einst einen gigantischen Zirkel benutzt, um das Stadtgebiet festzulegen. Auf dieser Satellitenaufnahme ist der größte Ort des sogenannten Nördlinger Rieses zwischen Stuttgart und Ingolstadt in der Mitte der linken Seite gut zu erkennen.

Obwohl im Ries schon in der Steinzeit Menschen lebten und später die Römer in Nördlingen ein Militärlager errichteten, ist der Ortskern heute vor allem von malerischer Mittelalterarchitektur geprägt. Die Stadtmauer mit dem alten Wehrgang ist so intakt, dass man hier immer noch Wachen patrouillieren lassen könnte.

Wenn man in der Geschichte der Region sehr, sehr weit zurückgeht, ist es mit der Beschaulichkeit nicht mehr so weit her. Vor rund 15 Millionen Jahren ereignete sich hier eine unvorstellbare Katastrophe.

Damals, im Zeitalter des Miozäns, unterschieden sich Gelände und Klima stark vom heutigen. Sümpfe und Wälder prägten eine Subtropenlandschaft, durch die Urzeittiere stapften. Von der Gefahr aus dem All, die mit 70 000 Kilometern pro Stunde heranraste, war nichts zu erahnen.

Es muss eine gigantische Explosion gewesen sein, die der Asteroid verursacht hat. Der Brocken war wohl mehr als einen Kilometer dick, bei dem Aufprall wurde er regelrecht pulverisiert und erzeugte die Energie von Tausenden Atombomben. Es herrschten Temperaturen von über 25 000 Grad Celsius am Einschlagsort, jedes Leben im Umkreis von 100 Kilometern erlosch augenblicklich. Gesteinsbrocken wurden weit geschleudert.

In der Zeit nach dem Einschlag bildete sich in dem knapp 25 Kilometer großen Krater, den der Einschlag hinterlassen hatte, ein Gewässer etwa so groß wie der Bodensee. Später verlandete es und hinterließ die flache Landschaft des Rieses.

Heute sind die Spuren der Katastrophe selbst aus der Höhe des Weltalls nur noch schwer zu erkennen. Ein bewaldeter Kreis um die vielen Felder bildet die Kraterränder. Der flache Boden im Inneren ist ideal für die Landwirtschaft.

Dass die Einwohner von Nördlingen heute überhaupt von der Meteoritenkatastrophe wissen, verdanken sie zwei US-Geologen. Aufgrund von Gestein, das vulkanischem Tuff ähnelt, hatten Forscher lange vulkanische Aktivitäten für die Entstehung der Landschaft verantwortlich gemacht. Erst zu Beginn der Sechzigerjahre konnten Eugene Shoemaker und Edward Chao nachweisen, dass ein Asteroid das sogenannte Ries-Ereignis verursacht hatte.

Auch deshalb hat sich Nördlingen inzwischen zu einer Touristenattraktion mit einem eigenen Museum zum Rieskrater entwickelt. Aber die meisten Besucher lockt die Mittelalterromantik hierher. Vielleicht hat auch die Europäische Weltraumorganisation Esa aus diesem Grund im Juli 2018 das Bild während der »Sentinel-2«-Mission gemacht.

Dass einer der Millionen Asteroiden und Meteoroiden, die im All herumschwirren, auf der Erde einschlägt und für eine Megakatastrophe sorgt, ist übrigens gar nicht so abwegig. Forscher befassen sich schon länger mit Strategien, um solche Einschläge zu verhindern, und führen regelmäßig entsprechende Planspiele durch. Ein bisschen so wie Bruce Willis in »Armageddon«.

Jörg Römer

See aus Glut

Im Schlund des Vulkans Mount Michael im Südpolarmeer schlummert ein See aus Lava – umgeben von Eis. 30 Jahre lang waren Forscher auf seiner Spur, dann knackten Satellitenaufnahmen das Rätsel.

Dass etwas anders ist am Mount Michael, vermuten Forscher schon seit Jahrzehnten. Seit vergleichsweise kurzer Zeit sind sie sicher: Am Kraterboden der Vulkaninsel im Südpolarmeer brodelt ein See aus Lava – umgeben von Eis. Das Phänomen ist noch weitgehend unerforscht. Laut Nasa sind bisher nur acht solcher Seen auf der ganzen Welt bekannt, in denen sich zwischen den Ausbrüchen Lava staut.

Der Mount Michael ist ein aktiver Vulkan und gehört zu den britischen South-Sandwich-Inseln. Die unbewohnten Eilande heißen nicht etwa so, weil sie wie belegte Brote geformt sind. Ihren Namen verdanken sie dem britischen Marineadmiral John Montagu, dem im 18. Jahrhundert lebenden vierten Grafen von Sandwich. Er war ein entscheidender Förderer des Entdeckers James Cook, der einen Teil der Inseln entdeckt hatte.

Satellitenaufnahmen hatten bereits in den Neunzigerjahren des vergangenen Jahrhunderts eine Temperaturanomalie am Mount Michael aufgespürt. Doch die Auflösung der Bilder war zu schlecht, um wirklich sicher zu sein, was dahintersteckt.

Bis heute ist es schwer, aus dem All in den Krater zu spähen, weil oft Wolken oder vulkanische Asche den Blick versperren. Doch in den vergangenen Jahren gelangen mehreren modernen Satelliten hochauflösende Aufnahmen direkt in den Schlund des Vulkans. Unser Bild stammt von der europäischen Satellitenmission »Sentinel-2« und wurde am Heiligabend des Jahres 2019 aufgenommen. Für die Aufnahme wurde nicht das gesamte Lichtspektrum genutzt, sondern langwelliges Infrarotlicht. Die thermische Anomalie im Inneren des Kraters erscheint blau, der Schnee rot. Auf dem schwarzen Ozean sind treibende Eisberge ebenfalls in Rot zu sehen.

Die thermische Anomalie im Inneren des Kraters erscheint als kleiner türkiser Fleck, der Schnee rot und die Wolken grau. Forscher konnten auch die Temperatur der ungewöhnlichen Struktur bestimmen: Die türkisen Bereiche sind 284 bis 419 Grad Celsius heiß. Darunter liegt wahrscheinlich noch deutlich heißere, flüssige Lava.

Die Forscher schätzen, dass der See etwa 110 Meter breit ist und eine Fläche von 10 000 Quadratmetern umfasst, das entspricht in etwa der Größe von acht olympischen Schwimmbecken. Andere bekannte Lavaseen liegen im Vulkan Ambrym im Südpazifik, Mount Erebus in der Antarktis, Erta Ale in Äthiopien, Masaya in Nicaragua, Nyiragongo in der Demokratischen Republik Kongo und Mount Yasar im Südpazifik.

Auch wenn die wenigsten die Antarktis mit Feuer verbinden dürften: Unter der kilometerdicken Eisdecke verbirgt sich eine ganze Vulkankette. 2017 entdeckten Forscher mit Hilfe von Radarsignalen 91 Vulkane unter dem Eis. Nun wollen sie herausfinden, welche noch aktiv sind, weil viele so tief unter dem Eis liegen, dass eine Eruption an der Oberfläche nicht zu sehen wäre. Allerdings würde das Eis direkt über dem Vulkan schmelzen und die Eisdecke deutlich destabilisiert werden.

Die Forscher warnen zudem, die Vulkane könnten aktiver werden, wenn die Eisdecke in der Antarktis weiter abnimmt und damit auch der Druck auf die Krater sinkt.

Julia Köppe

Verheerende Wellen

Die Gewalten, die einst die Alpen auffalteten, machen sich bis heute bemerkbar. In der Schweiz bebt regelmäßig die Erde – und Katastrophen drohen, wo kaum einer sie erwarten würde: am Ufer der Seen.

Ruhige Bergwelt? Von wegen! Wer die Zentrale des Schweizerischen Erdbebendienstes an der ETH Zürich besucht, der sieht, wie sehr dieser Eindruck täuscht. Auf großen Bildschirmen laufen hier die Echtzeitdaten des Messnetzes von rund 200 in der Schweiz verteilten Seismometern ein. Drei bis vier Erdbeben zeichnen die Apparaturen auf. Pro Tag.

Meistens sind die Beben schwach. Aber 10- bis 20-mal im Jahr haben sie auch eine Magnitude von 2,5 und mehr. Das bedeutet: Die Bevölkerung kann sie bemerken. Die Alpen, das prägende Element der Schweizer Geografie, sind ein mächtiges Symbol für die Wucht, mit der die Erdplatten bis heute kollidieren. Der Prozess begann vor gut 100 Millionen Jahren langsam, verlief vor etwa 30 Millionen Jahren besonders turbulent – und hält im Grundsatz bis heute an. Die Alpen heben sich um gut einen Millimeter pro Jahr. Die dahinterstehenden Gewalten machen sich in den Erdstößen im Land bemerkbar.

Die größte Gefahr für Erdbeben in der Schweiz gibt es im Wallis, rund um Basel und in Graubünden. Aber auch für das Rheintal und die Zentralschweiz sehen die Fachleute geologische Risiken. Und das bedeutet nicht nur, dass Privathäuser oder öffentliche Gebäude einstürzen, Brücken kollabieren oder Brände in Industriebetrieben auftreten könnten. Im schlechtesten Fall könnten auch verheerende Flutwellen in Alpenseen entstehen. Etwa einmal alle 100 Jahre gibt es statistisch gesehen nämlich Erdbeben, die tatsächlich einen Tsunami in einem dieser Gewässer auslösen können.

Die Radaraufnahme des Berner Oberlandes hat der europäische Satellit »Sentinel-1A« im September 2015 gemacht. Unten auf der linken Seite sind der Thuner und der Brienzersee zu sehen, zwischen ihnen die Stadt Interlaken. Oben auf der rechten Seite ist der Vierwaldstätter See zu erkennen. Dort gab es in der Nacht auf den 18. September 1601 eine Flutwelle. Sie hat das Gebiet rund um die Ortschaft Ennetbürgen verwüstet.

Schuld an der Welle war ein Erdbeben, das nach heutigen Berechnungen wohl eine Magnitude von 5,9 hatte. Unter Wasser kamen dadurch mehrere Millionen Kubikmeter an Material ins Rutschen. Außerdem rauschte eine vergleichbar große Menge an Gestein durch einen Bergsturz am Bürgenstock-Massiv in den See.

Die Kombination dieser zwei Phänomene sorgte für eine Tsunamiwelle von ungefähr vier Metern Höhe. »1000 Schritte oder drei Büchsenschüsse« weit ins Hinterland sei das Wasser geströmt, so der damalige Luzerner Stadtchronist Renward Cysat. Mindestens acht Menschen starben. Und einzig die Kirche von Ennetbürgen wurde verschont, wegen ihrer erhöhten Lage, wissen Forscher heute. Und schon drei Generationen später, im Jahr 1687, schwappte die nächste Riesenwoge über den See, diesmal waren wohl Sedimente im See ganz ohne Anstoß von außen ins Rutschen gekommen.

Welch große Gefahren durch die Tsunamis drohen könnten, zeigt auch ein Ereignis am Genfer See, der hier leider nicht mehr im Bild zu sehen ist, er liegt links unterhalb der Aufnahme. Im Jahr 563 waren wahrscheinlich an einem Berg am östlichen Seeende große Mengen an Gestein ins Rutschen gekommen. Einmal abgestürzt, könnte das Felsmaterial unter Wasser Dutzende Meter tiefe Unterwassercanyons an der Rhônemündung zum Einsturz gebracht haben. Das sogenannte Tauredunum-Ereignis, benannt nach dem Ort des Bergsturzes, schickte jedenfalls eine riesige Welle über das Gewässer.

Diese, so wissen Historiker, versehrte viele Siedlungen am Ufer und schwappte in Genf sogar über die Stadtmauer. Laut Computermodellen dürfte die Woge das Ufer in Lausanne etwa 13 Meter hoch überflutet haben, in Genf war sie noch acht Meter hoch.

Sonderlich oft scheinen solche Flutwellen ja nicht aufzutreten, ließe sich argumentieren. Doch weil die Ufer der Schweizer Seen so dicht besiedelt sind und in den Seegrundstücken auch große wirtschaftliche Werte gebunkert werden, würde ein Tsunami im 21. Jahrhundert unvorstellbar große Schäden verursachen. Umso wichtiger ist es, das Risiko genau im Blick zu haben – um notfalls rechtzeitig warnen zu können.

Christoph Seidler

5 Bleibt alles anders

Wie der Mensch die Erde prägt

Unser Planet hat uns Menschen geprägt, aber noch mehr prägen wir Menschen unseren Planeten. Grundlage für die moderne menschliche Entwicklung war schon seit der Steinzeit der Boden. Die ersten Werkzeuge waren aus Holz und Stein, irgendwann gewannen unsere Vorfahren Metalle aus dem Schoß der Erde. Auch die Industrialisierung wäre ohne die Bodenschätze Kohle und Erdöl nicht möglich gewesen. Und selbst unser digitales Informationszeitalter basiert entscheidend auf Rohstoffen, ohne Lithium, Kobalt und Seltene Erden gäbe es kein Smartphone, kein selbstfahrendes Elektroauto, keine Cloud und kein Internetshopping.

Für den Menschen war diese Entwicklung von Vorteil. Er kann sich sein Steak heute bequem im Netz bestellen, statt dafür die Keule schwingen zu müssen. Aber unser Heimatplanet hat gelitten, zumal es jeden Tag mehr von uns gibt. Wir haben das »dominium terrae«, die Herrschaft über die Erde, wie sie im

Alten Testament beschrieben wird, leider zu wörtlich genommen.

Auf der Jagd nach Fortschritt und Wohlstand hat die Oberfläche unseres Planeten Narben davongetragen, die man selbst aus dem All sieht. Die weltgrößte Eisenerzmine in Schweden, der Goldrausch in den Anden oder der Braunkohleabbau in der Lausitz – all das sind eindrückliche Beispiele für den Eingriff des Menschen in die Natur.

Aber auch auf andere Art zeigen sich Veränderungen, die auf unsere Spezies zurückgehen: Grönlands Gletscher verlieren immer schneller ihre Eismassen. Flora und Fauna ächzen selbst an den entlegensten Orten unter angeschwemmtem Zivilisationsmüll. In der Wüste Ägyptens schufen Ingenieure riesige Seen und an verschiedenen Küsten der Welt prägen Fischfang und gigantische Garnelenfarmen das Antlitz der Erde. Aber sehen Sie selbst!

Elons Weltraumfabrik

Bürgerkriegssoldaten waren da, polnische Einwanderer, Sonnensucher. Nun will Elon Musk im texanischen Örtchen Boca Chica die Raumfahrt revolutionieren.

John Caputa hatte einen Traum. Der Immobilienunternehmer aus Chicago gründete 1967 eine neue Siedlung im Süden des US-Bundesstaates Texas. Polnische Einwanderer sollten dort in der Einsamkeit leben, nur durch ein von Seevögeln bewohntes Gebiet vom Rio Grande getrennt, dem Grenzfluss zu Mexiko. Kennedy Shores, so hieß der Ort, zählte zum Start etwa 30 Häuser. Trinkwasser bekamen sie per Tankwagen aus der nächstgelegenen Stadt Brownsville. Die Fahrt dauert pro Richtung gut eine halbe Stunde. Dass hier irgendwo im Nirgendwo ein halbes Jahrhundert später die Zukunft der Raumfahrt entwickelt werden würde, daran war damals gar nicht zu denken.

Kennedy Shores war ein schöner Fleck. Endlose Sandstrände und die warmen Wasser des Golfs von Mexiko, nur einen Steinwurf von den Häusern entfernt, versprachen den Bewohnern Entspannung und fette Beute beim Fischen. Aber der Ort barg auch Gefahren. Das zeigte sich schon im September 1967. Da bezog Hurrikan »Beulah« seine verheerende Wucht aus der Energie ebenjener warmen Gewässer. Der Ort wurde vom Wüten des Wirbelsturms schwer in Mitleidenschaft gezogen.

Die Siedlung erholte sich nur langsam von dem Schlag. Auch ein Namenswechsel – im Jahr 1975 hatte der damalige Bürgermeister Stanley Piotrowicz den Ort in Kopernik Shores umfirmiert, in Erinnerung an den Astronomen Nikolaus Kopernikus – brachte keinen Aufschwung. Andererseits starb die Siedlung auch nie aus. Ein, zwei Hände voll Sonnensucher lebten gern hier, genossen die Einsamkeit der riesigen Dünen und die Weite des Meeres.

Irgendwann wurde der Ort wieder umbenannt, sonst passierte nicht viel. Boca Chica Village hieß die Siedlung nun, vom spanischen »kleiner Mund«. Die Dinge änderten sich langsam ab dem Jahr 2014. Das private Raumfahrtunternehmen SpaceX des Unternehmers Elon Musk hatte bekannt gegeben, bei Boca Chica den South Texas Spaceport zu errichten. Das Kontrollzentrum sollte im Ort selbst untergebracht werden.

Die Idee: Das abgelegene Areal am Golf von Mexiko könnte neben den Weltraumbahnhöfen Cape Canaveral (US-Bundesstaat Florida) und Vandenberg (US-Bundesstaat Kalifornien) der dritte Startplatz der wiederverwendbaren »Falcon«-Raketen der Firma werden. Mit der »Falcon 9« waren Musk und seine Leute gerade dabei, den Markt für kommerzielle Satellitenstarts komplett umzukrempeln, die »Falcon Heavy« sollte den Transport noch weit schwerer Lasten zu vergleichbar niedrigen Preisen ermöglichen.

SpaceX begann also in Boca Chica zu investieren – und den verbleibenden Einwohnern Angebote zu machen, die sie zur Aufgabe ihrer Häuser bringen sollten. Aber zunächst ließen sich nicht alle darauf ein. Zeitungen berichteten gar von der »Schlacht von Boca Chica«. Es war auch eine Erinnerung daran, dass es in dem Gebiet tatsächlich einmal eine Schlacht gegeben hatte, genau genommen die wohl letzte des amerikanischen Bürgerkriegs. Im Mai 1865 hatten Truppen der Südstaaten hier einen Triumph über das Unionsheer erzielen können, der wegen des Kriegsendes aber keinerlei Bedeutung mehr hatte.

Der Gewinner der neuerlichen Schlacht um Boca Chica, wenn man diese Formulierung verwenden will, war Elon Musk. Seit 2018 sind die Anlagen von SpaceX massiv gewachsen.

Die Entwicklung dürfte auch mit einer strategischen Entscheidung zu tun haben. Denn inzwischen ist der Plan vom Tisch, »Falcon«-Raketen aus dem Süden von Texas zu starten. Stattdessen wird dort an der nächsten Generation der SpaceX-Raumschiffe gearbeitet, den »Starships«. Diese rund 120 Meter hohen Ungetüme sollen einmal alle anderen Startvehikel der Firma ablösen – und nichts weniger als eine Revolution der Raumfahrt einleiten.

Das »Starship« wäre nicht nur höher als alle anderen bisher von Menschen gebauten Fluggeräte, die Mondrakete »Saturn V« und das neue Space Launch System der Nasa eingeschlossen. Es wäre auch kraftvoller, mehr als 100 Tonnen Nutzlast ließen sich mit seiner Hilfe in den Erdorbit bringen. Die neue europäische »Ariane 6« soll nur 21 Tonnen dorthin befördern können.

Ein hochauflösendes Bild eines »Skysat«-Satelliten des privaten Raumfahrtunternehmens Planet Labs zeigt den SpaceX-Startplatz in Boca Chica. Auf der linken Seite ist der Prototyp mit der Seriennummer SN9 gut zu erkennen, auch wegen seines langen Schattens. Der Flug fand noch am Tag der Aufnahme statt, dem 2. Februar 2021. Er war gewissermaßen ein Teilerfolg. Die Rakete erreichte eine Höhe von rund zehn Kilometern. Weil eines der Triebwerke während des anschließenden Landevorgangs aber nicht zündete, zerschellte das Fluggerät am Boden.

Protoyp eines »Starships« in Boca Chica

Fast genau einen Monat später wiederholte sich das Geschehen mit dem Raumschiff mit der Seriennummer SN10, das auf diesem Bild ebenfalls schon zu sehen ist. Auch dieser Flug schlug bei der Landung fehl. Doch bei SpaceX gab man auch nach weiteren Misserfolgen nicht auf, und im Mai 2021 landete schließlich SN15 nach einem Probeflug wie gewünscht. Nun wird man weiter testen, testen, testen. Zunächst soll es in den Erdorbit gehen, dann Richtung Mond und später auch zum Roten Planeten. Das macht Musk immer wieder klar. So twitterte er nach der fehlgeschlagenen Landung im Dezember 2020: »Danke, Südtexas, für eure Unterstützung! Dies ist das Tor zum Mars.«

Christoph Seidler

Eiland mit Einwegproblem

Nahezu perfektes Wetter und eine kleine Koralleninsel – aus der Luft betrachtet wirkt Henderson Island idyllisch. Doch das Paradies im Pazifik droht im Plastikmüll zu ersticken.

Nur ein paar Miniwölkchen trüben das Wetter im Südpazifik. Es scheint, als sei die Insel, die aus der Luft ein wenig wie ein kleiner Vogel aussieht, der perfekte Ort. Und tatsächlich: Auch bei näherer Betrachtung kommt Henderson Island wie das Paradies daher. Tiefblaues Meer, weiße Sandstrände, hier und da prägen Palmen die Landschaft. Wegen seiner außergewöhnlichen Natur und der Unberührtheit ist das Eiland, das zu den Pitcairninseln gehört, zum Unesco-Welterbe ernannt worden.

Doch mit dem Traumurlaub vor Ort könnte es schwierig werden. Zum einen ist es mit der Anreise so eine Sache. Die rund zehn Kilometer lange und fünf Kilometer breite Koralleninsel ist extrem abgelegen, sie befindet sich etwa auf halbem Weg zwischen Neuseeland und Chile mitten im Meer.

Aber weit schwerwiegender ist ein anderes Problem, das man auf dem Bild des europäischen Satelliten »Sentinel-2B« vom März 2018 nicht sieht: Das Paradies im Südpazifik versinkt im Plastikmüll. Dabei ist die Insel nicht mal bewohnt. Täglich werden aber Tausende neue Teile aus dem Meer angespült. Henderson Island ist zu einer Sammelstätte für den weltweit wachsenden Kunststoffabfall geworden.

Forscher hatten die Region für eine Studie untersucht, die 2017 veröffentlicht wurde. Zwei Jahre zuvor, zum Zeitpunkt der Erhebung, hatten sie etwa 38 Millionen Plastikteile mit einem Gewicht von 17,6 Tonnen auf der Insel gefunden. Nirgendwo sonst auf der Welt wurde bisher eine größere Plastikmülldichte festgestellt als auf Henderson Island.

Die Forscher rechneten aus, dass pro Meter Uferlinie täglich 27 weitere Teile angeschwemmt werden. Inzwischen dürfte die Plastikmüllmenge also noch deutlich höher liegen. Unter den gefundenen Stücken waren Fischereizubehör wie Leinen, Netze und Bojen, aber auch Lutscherstiele, Zahnbürsten, Strohhalme und Besteck.

Das meiste Plastik lag am Strand im Sand. 68 Prozent befanden sich in den ersten zehn Zentimetern unter der Oberfläche. Insgesamt fanden die Forscher fast 4500 Teile pro Quadratmeter – die meisten von ihnen kleiner als fünf Millimeter. Doch die tatsächliche Menge ist wohl noch größer, denn tiefer gruben die Forscher nicht. Zudem berücksichtigten sie Mikroplastik unter zwei Millimetern Größe nicht. Die Funde zeigen auch, wie der Transport von Plastikmüll in den Meeren grundsätzlich funktioniert. Die Forscher fanden Gegenstände aus Russland, Europa und den USA – sie alle hatten es bis hierher geschafft.

Der Grund für die starke Verschmutzung der Natur auf Henderson Island könnte im Südpazifik-Wirbel liegen, einem der bekannten Müllstrudel der Weltmeere. Hier sammeln sich riesige Mengen Plastik an.

Schätzungen zufolge gelangen jedes Jahr mehr als zehn Millionen Tonnen Plastik in die Ozeane. Das Material wird teilweise über Jahrhunderte erhalten bleiben. Bei einer einzigen Plastikflasche gehen Forscher von 450 Jahren aus.

Jörg Römer

Ein Erz und eine Seele

Eine der weltgrößten Eisenerzminen liegt
im Norden Schwedens – unter einer Stadt,
die ihretwegen umziehen muss. Ein Bild aus
dem All erzählt ihre Geschichte.

Sie fragen sich, wie viele Wortspiele man mit dem Wort »Erz« machen kann? Es sind viele, glauben Sie uns. Also erzlich willkommen in diesem Text! Nur echt mit mindestens einem – gelegentlich auch etwas bemühten – Erz-Kalauer pro Absatz.

Vordergründig geht es natürlich, wie in allen anderen Texten dieses Buches, um ein Satellitenbild. Dieses hat die europäische Satellitenmission »Sentinel-2« im Juni 2021 gemacht. Auf der linken Seite zu sehen ist das nordschwedische Kiruna aus 700 Kilometern Höhe. Die Stadt (rechts) ist wegen ihrer Mine (links) berühmt. Dort wird seit rund 120 Jahren ein riesiges Vorkommen des Eisenerzes Magnetit ausgebeutet, das größte seiner Art. Weil das Bergwerk von Kiruna immer größer und tiefer wird, mittlerweile fördert man in 1365 Metern Tiefe, erz-wingt es jetzt den Umzug des gesamten Ortes mit seinen rund 23 000 Einwohnern.

Seit 2014 gibt es einen Plan für die schrittweise Verlegung um fünf Kilometer nach Osten. Der Umzug soll bis ins Jahr 2033 dauern. Widerstand aus der Bevölkerung gibt es dagegen kaum. Alles eine Frage der Erz-iehung – schließlich arbeitet ein großer Teil der Bewohner Kirunas in irgendeiner Form für die Mine.

Das denkmalgeschützte Rathaus aus den frühen Sechzigerjahren zieht nicht mit um und wird abgerissen, wenn Kiruna an seinen neuen Standort verlegt wird. Hier wären der Ab- und Wiederaufbau teurer als eine komplette Neukonstruktion. Umgesetzt wird dagegen die 1912 gebaute Holzkirche. Hand aufs Erz – wer würde auch ein Gotteshaus abreißen?

Wenn die Erz-Bischöfin der Schwedischen Kirche, die deutschstämmige und alles andere als erz-konservative Antje Jackelén, ihre Schäfchen in Kiruna besuchen will, muss sie übrigens in ein Flugzeug steigen. Von ihrem Bischofssitz in Uppsala in den hohen Norden braucht sie dann immer noch knapp zwei Stunden. Aber das sei hier nur am Rande erzählt.

Die Transportfrage stellt sich auch für die Millionen Tonnen an

Winterliches Kiruna

Eisenerz, die jedes Jahr in Kiruna gefördert werden. Sie werden über eine Eisenbahnstrecke ins knapp 200 Kilometer entfernte norwegische Narvik gebracht. Dort gibt es einen eisfreien Hafen, über den der zu einem Granulat verarbeitete Rohstoff ganzjährig mit dem Schiff abtransportiert werden kann. Erze ohne Grenzen, sozusagen.

Das Eisen im Boden unter Kiruna dürfte der Minengesellschaft LKAB auch noch auf Jahrzehnte gute Geschäfte bescheren. Jedenfalls ist genug davon da, eine Erz-Insuffizienz ist nicht zu befürchten. Vielleicht bauen allerdings eines Tages Roboter die Vorkommen vollautomatisch ab. Zumindest einen sollte man dann Erz-Zwo-Dee-Zwo nennen.

In einer Art Erzschlagfinale ist es uns tatsächlich gelungen, diesen Text mit seinen diversen platten Wortspielen und Sch-erzen sicher zu Ende zu bringen. Ganz erzlichen Dank für Ihre Aufmerksamkeit. Wir holen uns jetzt erztlichen Rat, wie wir mit dieser verdammten Wortspielerei aufhören können. Das wäre erzallerliebst!

Christoph Seidler

Europas Miniwüste

Wo eben noch Bäume standen, erstreckt sich plötzlich nur noch Sand: Im Süden der Ukraine liegt die Wüste Oleschky-Sande. Doch wie ist sie entstanden? Forscher haben da gleich mehrere Theorien.

Vom All sieht die Wüste in der Ukraine aus wie ein sandfarbenes Ei. An ihrer breitesten Stelle erstrecken sich die Dünen der Oleschky-Sande über fünf Kilometer, die höchsten sind fünf Meter hoch. Benannt ist die halbtrockene Wüste nach der benachbarten Stadt Oleschky. Von den Sandmassen bis zum Schwarzen Meer sind es gut 50 Kilometer. Fast nirgendwo in Europa liegt so viel Sand wie hier. Wie es dazu kam, beschäftigt Forscher seit Langem.

Der Nasa-Satellit »Landsat 8« hat das Gebiet im Juni 2019 fotografiert. Die Grenze zwischen dem Braun des Sandes und dem Grün der umgebenden Bäume ist deutlich zu erkennen. Seit dem 20. Jahrhundert umringt die Wüste ein dichter Pinienwald. Die Bäume waren extra gepflanzt worden, um ein weiteres Ausbreiten des Sandes zu verhindern. Doch Satellitenaufnahmen aus den vergangenen 30 Jahren zeigen, dass das nicht gelingt, vor allem an den nordöstlichen und südwestlichen Flanken der Wüste.

Nur wenige Pflanzen gedeihen auf dem sandigen Boden, der sich im Sommer auf bis zu 75 Grad Celsius erhitzt. Obwohl die Wüste so klein ist, erheben sich häufig Sandstürme aus ihrem Inneren. Die Körner sind sehr fein, Winde können sie leicht mitreißen. Das Gebiet ist seit 2010 als Nationalpark geschützt und umfasst gut 8000 Hektar, die gesamten Oleschky-Sande sind etwa doppelt so groß.

Es gibt mehrere Theorien darüber, wie Europas Miniwüste entstanden ist. Eine geht so: Die Dünen sind die Überbleibsel des ehemaligen Flussbetts des Dnepr, der nun weiter nördlich verläuft. Andere Forscher glauben, die mehr als eine Million Schafe, die im 18. und 19. Jahrhundert hier weideten, haben sämtliche Pflanzen vertilgt und so die Wüste herbeigefressen. Die Wurzeln, die den sandigen Boden zusammenhielten, starben ab. Zurück blieb reiner Sand, auf dem sich Pflanzen nur schwer ansiedeln können.

Welche Theorie stimmt, ist noch nicht geklärt. In historischen Dokumenten ist jedenfalls vor 1800 nie die Rede von einer Wüste in der Gegend. Außerdem wäre es nicht das erste Mal, dass Schafe eine Landschaft grundlegend verändern. Bestes Beispiel ist die Lüneburger Heide. Ohne die Tiere würde die Graslandschaft mit Bäumen zuwachsen.

Julia Köppe

Goldrausch auf 5100 Metern

In den peruanischen Anden liegt die höchste Stadt der Welt. Zehntausende Menschen lebten hier ohne fließendes Wasser – angelockt von einem wertvollen Schatz.

La Rinconada in Peru eignet sich auf den ersten Blick kaum für ein gutes Leben: Sauerstoff zum Atmen ist knapp, es gibt kein fließendes Wasser, kein Abwassersystem und keine zentrale Müllentsorgung. Die Landschaft ist karg. Trotzdem lebten hier dauerhaft Zehntausende Menschen. Das hat vor allem einen Grund: Es gibt Gold.

Die europäische Satellitenmission »Sentinel-2« hat die Stadt in den Anden im Mai 2021 aufgenommen. La Rinconada liegt auf 5100 Metern Höhe im Südosten von Peru auf dem Berg Ananea. Aus dem All ist die Siedlung auf der linken Seite gut zu erkennen. Oberhalb des Ortes befindet sich ein gewaltiger Gletscher. Sein Name, »La Bella Durmiente«, bedeutet »schlafende Schönheit«.

Entstanden ist der Ort vor gut vier Jahrzehnten als temporär bewohnte Bergbausiedlung. Bergleute arbeiteten in der nahe gelegenen Mine bis zu 30 Tage am Stück ohne Lohn. Dafür war es den Männern erlaubt, am 31. Tag so viel Gold mitzunehmen, wie sie an diesem abbauen konnten.

Nach und nach blieben Menschen dauerhaft in La Rinconada. Auf eine nennenswerte Größe wuchs die Siedlung aber erst zu Beginn des 21. Jahrhunderts. Damals stieg der Goldpreis deutlich an. Die Strapazen eines Lebens auf großer Höhe lohnten sich offenbar für immer mehr Menschen. Zwischen den Jahren 2000 und 2009 hat sich die Population mehr als verdreifacht. Allerdings ist die Bevölkerung nach letzten Angaben deutlich zurückgegangen und liegt nun unter 10 000 Menschen. Genau weiß es niemand.

Stromleitungen wurden gebaut. Ihren Müll vergräbt oder verbrennt die Bevölkerung allerdings bis heute außerhalb der Siedlung. Die Menschen in La Rinconada sind außerdem zu Forschungsobjekten geworden: Wissenschaftler untersuchen an ihnen, wie sich Sauerstoffarmut langfristig auf den Körper auswirkt. Weil der Luftdruck mit der Höhe abnimmt, kann der Körper auf 5000 Metern Höhe nur noch halb so viel Sauerstoff aus der Luft aufnehmen wie auf Meeresspiegelniveau.

Jahrelanger Aufenthalt in großer Höhe kann die chronische Höhenkrankheit auslösen. Sie macht sich durch Schwindel, Kopfschmerzen, Ohrensausen, Herzklopfen sowie Herzschwäche und Lungenembolien bemerkbar. Im schlimmsten Fall sterben Menschen daran. Forscher gehen davon aus, dass einer von vier Menschen in La Rinconada unter der Krankheit leidet. Sie versuchen zu verstehen, was Menschen anfällig macht – und was sie schützt.

Julia Merlot

Am See des Pharaos

Der vom Nil gespeiste Nassersee in Ägypten ist einer der größten künstlichen Seen der Welt. Doch ein gigantisches Talsperrenprojekt flussaufwärts bedroht die lebenspendende Oase.

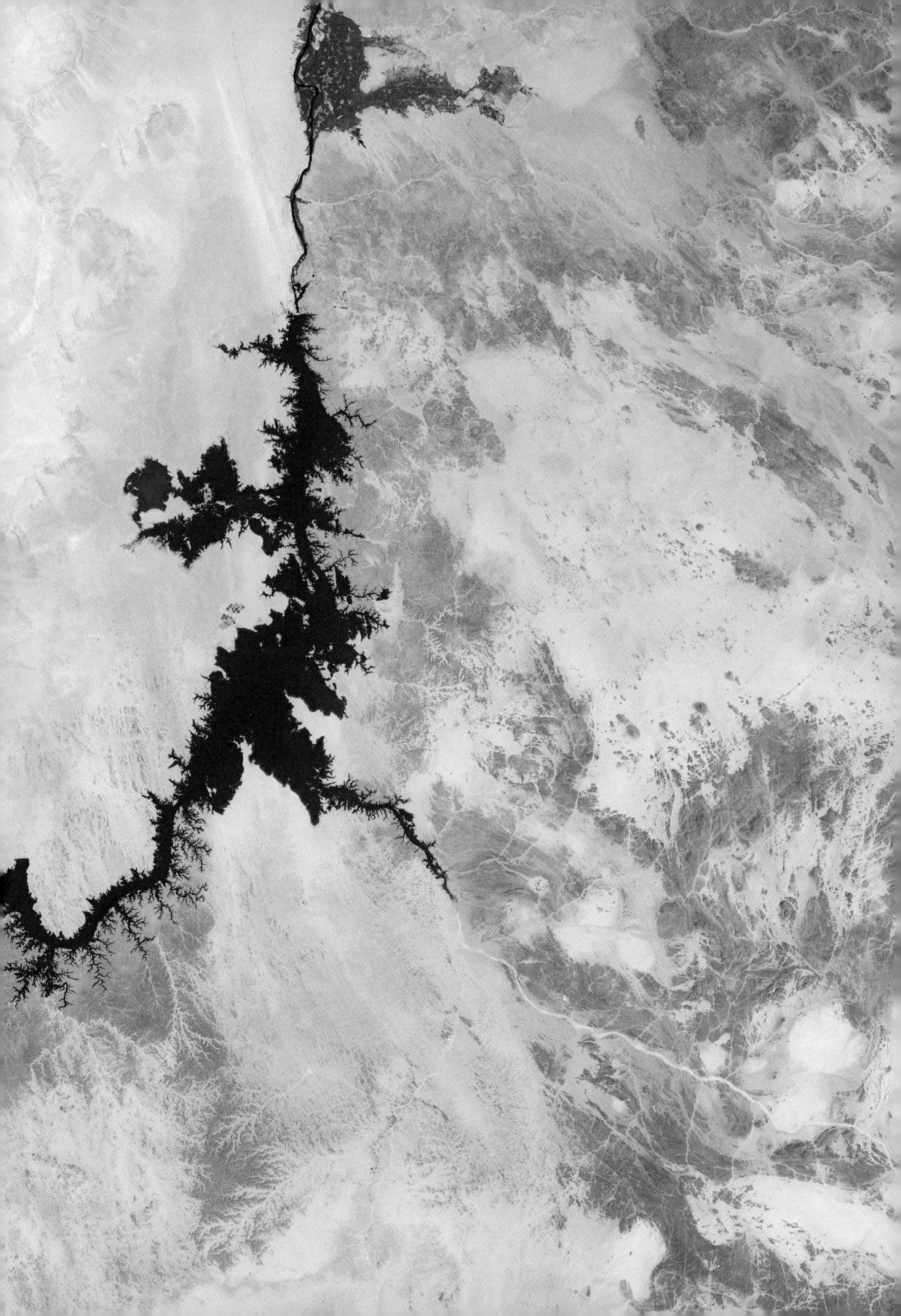

Der Nil bestimmt das Leben der Menschen in Ägypten seit Tausenden von Jahren. Er hat etwas Magisches: Sein Wasser lässt an den Ufern üppiges Grün sprießen, ein paar Meter weiter ziehen dagegen trockene Staubwolken über farbloses Land. Schon den alten Ägyptern bescherten die Nilüberschwemmungen reiche Ernten. Doch blieb das Hochwasser einmal weg oder fiel geringer aus als üblich, drohten Dürren und magere Erträge. Im Grunde ist das bis in die Neuzeit so geblieben.

Doch dann kam Gamal Abdel Nasser. Der bis heute in der arabischen Welt hochverehrte Staatspräsident plante in den Fünfzigerjahren des vergangenen Jahrhunderts einen Staudamm der Superlative. Das Bauwerk im Süden des Landes sollte nicht nur die Fluten des Nil zähmen, sondern Ägypten mit einem Schlag in die Moderne katapultieren.

Ein Jahrzehnt lang dauerte es, die 111 Meter hohe und 3,8 Kilometer lange Staumauer südlich von Assuan zu bauen. 44 Millionen Kubikmeter Erde und Gestein wurden dafür bewegt. Als Nasser zusammen mit anderen Staatschefs am 14. Mai 1964 einen Schalter betätigte, füllte sich einer der größten künstlichen Seen der Welt: der Nassersee. Erst 1976 hatte das Prestigeprojekt seinen geplanten Wasserstand erreicht, da war Gamal Abdel Nasser schon tot.

Der Stausee erreicht unglaubliche Dimensionen: Er ist etwa 550 Kilometer lang, das entspricht fast der Luftlinie zwischen Hamburg und Prag. Im Süden reicht er bis in den Sudan, hier heißt er Nubia-See.

Das Wasser des Sees hat die landwirtschaftlichen Flächen in der Region vergrößert und mehrere Ernten pro Jahr ermöglicht. Aber mit ihm kamen auch unerwünschte Nebeneffekte. Ohne Dünger geht es nicht, denn der fruchtbare Nilschlamm erreicht die Felder nicht. Stattdessen sinkt er ab und lagert sich auf dem Grund des Sees an.

Die Aufnahme des US-Erdbeobachtungssatelliten »Landsat 8« zeigt eindrücklich, welche Dimensionen der See einnimmt. Das Bild der Nasa ist eigentlich eine Fotomontage. Mehrere Satellitenbilder aus der Zeit zwischen 2013 und 2020, auf denen keine Wolken zu sehen sein durften, wurden dafür zusammengesetzt.

Seit einiger Zeit schrumpft der See allerdings teils erheblich, denn in der regenarmen und heißen Region verdunstet viel Wasser. Der Wasserstand ist normalerweise im Herbst während der Hochwassersaison am höchsten und im Juli während der Trockenzeit am niedrigsten.

Die Ägypter sind auch noch aus einem anderen Grund in Sorge um ihren See. Die Grand-Ethiopian-Renaissance-Talsperre droht zum Problem zu werden. Das im Bau befindliche Projekt am flussaufwärts gelegenen Blauen Nil soll nicht nur Afrikas größtes Wasserkraftwerk werden. Es wird, so befürchtet man in Ägypten, dem Nassersee auch das Wasser rauben.

Tatsächlich zeigten Untersuchungen, dass der äthiopische Damm in trockenen Jahren zu einem Bewässerungsdefizit für Ägypten und einem Rückgang der Fischerei führen könnte. Gamal Abdel Nasser, der vielleicht letzte Pharao Ägyptens, wäre nicht erfreut.

Jörg Römer

Lichtermeer

*Die Millionenmetropole Bangkok funkelt
des Nachts. Aber auch in der Andamanensee
und im Golf von Thailand gibt es ein
geheimnisvolles Glühen. Was ist da los?*

Als Musicaltexter hatte Tim Rice in den Sechzigern und Siebzigern des vergangenen Jahrhunderts ein paar echte Kracher gelandet. Zusammen mit Andrew Lloyd Webber hatte er »Joseph and the Amazing Technicolor Dreamcoat« (1968), »Jesus Christ Superstar« (1971) und »Evita« (1976) zu Erfolgen gemacht. Die Zusammenarbeit lief dabei immer nach demselben Muster ab: Webber kümmerte sich um die Musik, Rice um die Texte.

Doch für ein Herzensprojekt, an dem Rice schon seit Jahren herumdachte, konnte er Ende der Siebziger nicht auf seinen Wunschpartner zurückgreifen: Als er Webber eine Kooperation für ein Musical über den Kalten Krieg antrug, lehnte dieser ab. Nicht des Stoffes wegen, nein, sondern weil er für sein neues Stück »Cats« so sehr beschäftigt sei – und so musste sich Rice anderweitig umsehen.

In seinem Musical sollte es um den Wettstreit zweier Schach-Asse gehen, von denen eines aus der Sowjetunion kommen sollte und das andere aus Amerika. Vorbild war dabei das »Match des Jahrhunderts« von 1972, das Kräftemessen zwischen Bobby Fischer und Boris Spassky in der isländischen Hauptstadt Reykjavík, das gleichermaßen als Sinnbild für den Kampf zwischen den ideologischen Systemen im Kalten Krieg gedeutet wurde.

Für die musikalische Unterstützung wandte sich Rice an zwei Superstars, von denen er gehört hatte, dass sie an neuen Projekten interessiert seien: die Abba-Gründer Björn Ulvaeus und Benny Andersson. Und beide stimmten tatsächlich zu. Sie komponierten für das Musical »Chess« unter anderem einen Hit, den jeder kennen dürfte, der in den Achtzigern bereits auf der Welt war und in dieser Zeit selbst auch nur gelegentlich an einem Radio vorbeikam: »One Night in Bangkok«, gesungen von Murray Head, ist ein beharrlicher Ohrwurm und preist das Nachtleben der thailändischen Hauptstadt.

Und die Nächte dort funkeln tatsächlich, nicht nur im Musical. Das Leben tobt zum Glück nicht nur in den vor allem von ausländischen Gästen frequentierten Rotlicht-Bars von Patpong, Nana Plaza und Soi Cowboy oder den Backpackertreffs der Khaosan Road. In der Metropolregion leben ungefähr 15 Millionen Einwohner – wobei die letzten offiziellen Zahlen von 2010 stammen, inzwischen dürften es deutlich mehr sein. Dazu kamen, zumindest vor der Corona-Pandemie, mehr als 23 Millionen Touristen pro Jahr. Bangkok kämpfte jahrelang mit Hongkong und London um den Titel der meistbesuchten Stadt der Welt.

Aus dem All lässt sich das Lichtermeer von Bangkok gut erkennen, wie das von der Nasa veröffentlichte Bild zeigt. Es entstand im Dezember 2017 auf der Internationalen Raumstation und macht zwei Kontraste sichtbar: In der Andamanensee auf der linken Seite und im Golf von Thailand, unter dem Lichtermeer von Bangkok gelegen, finden sich zahllose grüne Leuchtpunkte. Sie stammen von Fischerbooten, die nachts auf einen guten Fang hoffen – und zwar auf Tintenfische.

Um die Tiere fangen zu können, umwerben die Fischer deren Beute: Mit dem Licht locken sie Plankton und kleine Fische an. Die Tintenfische folgen ihnen – und gelangen so in die Reichweite der Fischer. Auch anderswo, beispielsweise im Atlantik vor der Küste von Argentinien, wird diese Fangtechnik eingesetzt. Dabei werden pro Boot teils Hunderte Lampen eingeschaltet, oft mit einer Gesamtleistung bis zu 300 Kilowatt.

Aber da ist noch etwas: Auffällig ist auch der Helligkeitsunterschied zwischen Thailands funkelnder Hauptstadtregion auf der rechten Seite und dem noch weiter rechts liegenden, deutlich dunkleren Staatsgebiet von Kambodscha. Hier ist die Gegend ländlich geprägt. Nachts wird nicht gefeiert, sondern geschlafen.

Christoph Seidler

Kyoto macht blau

Die Region um Osaka und Kyoto in Japan gehört zu den größten Ballungsräumen der Welt. Dennoch dreht sich hier viel um Traditionen. Am Biwa-See etwa wurde einst der Grundstein für ein berühmtes Reisgericht gelegt.

In ein tiefes Blau ist Japans Landschaft auf diesem Bild gehüllt. Die Falschfarben-Satellitenaufnahme zeigt die Region um Osaka und Kyoto im Südwestteil von Honshu, der Hauptinsel Japans. Das Gebiet, auch Kansai genannt, ist zusammen mit der Stadt Kobe (auf der linken Seite) mit mehr als 17 Millionen Einwohnern eine der am dichtesten besiedelten Regionen der Erde.

Der Hafen von Osaka mit der riesigen Bucht, in die der Yodo-Fluss mündet, ist nicht das einzige Gewässer im Bild. Nordöstlich von Kyoto (oben auf der rechten Seite) liegt, ein Ausläufer ist gerade noch am Bildrand zu erkennen, der Biwa-See in der Präfektur Shiga. Er ist mit einer Fläche von mehr als 670 Quadratkilometern der größte Süßwassersee des Landes.

Das malerische Kyoto gilt als eines der kulturellen Zentren Japans. Zahlreiche Tempel und Shinto-Schreine im historischen Zentrum der Stadt zeugen von der langen Geschichte – darunter etwa die weitläufigen Anlagen des Fushimi-Inari-Taisha-Schreins, der zum Unesco-Weltkulturerbe gehört.

Die Gegend ist zudem berühmt für ihre kulinarischen Errungenschaften. So kommt ein Vorläufergericht des beliebten Sushi von hier. Bei der Zubereitung der teuren Spezialität Funazushi wird Fisch aus dem Biwa-See mit Reis und Salz in Fässern bis zu einem Jahr fermentiert und konserviert. Diese Methode zur Haltbarmachung wurde schon vor über 1000 Jahren genutzt, nicht nur in Japan. Vermutlich wurde sie zuerst am Mekong-Fluss in China entwickelt und wohl auch in Teilen von Südostasien.

Funazushi ist allerdings etwas speziell im Geschmack. Der Reis, der zusammen mit dem Reiswein Sake serviert wird, hat einen sehr intensiven Geruch. Zudem schmeckt er stark säuerlich.

Traditionelle Straße unweit des Otowasan-Kiyomizudera-Tempels in Kyoto

Auch in Osaka dreht sich viel um gutes Essen. Die multikulturelle Gastroszene ist berühmt für gutes Streetfood und die »Kappo«-Küche. Diese wenig formalen Restaurants bringen die Gäste und den Koch zusammen. Die Mahlzeit wird direkt vor den Augen der Gäste zubereitet, manchmal bei einem netten Plausch.

Von all dem weiß »Sentinel-2B«, der Satellit, der das Bild im Mai 2018 gemacht hat, natürlich nichts. Auf der Falschfarbenaufnahme ist die Vegetation in kräftigen Blautönen dargestellt, die Bebauung wird in gelbroten Tönen angezeigt. So lassen sich etwa Landmassen leichter von Gewässern oder Dunstwolken unterscheiden.

Jörg Römer

Spur der Steine

Jahrzehntelang haben riesige Maschinen die Lausitz auf der Suche nach Braunkohle durchwühlt. Aus dem All erkennt man, welchen Preis die Landschaft dafür zahlen musste. Dazu kommen Probleme, die man nicht sieht.

Ab Anfang der Siebzigerjahre liefen die Grundwasserpumpen, die erste Rohkohle purzelte dann im Oktober 1976 vom Schaufelradbagger auf die Förderbänder. Seitdem ist der Tagebau Jänschwalde in der Lausitz über all die Jahre gewachsen und gewachsen. Acht bis zwölf Meter dick liegt hier, im Südosten Brandenburgs, die Braunkohle im Boden verborgen, teils bis zu 100 Meter tief. Neben den Resten von bis zu 25 Millionen Jahre alten Bäumen haben Forscher auf dem Gebiet des Tagebaus auch 130 000 Jahre alte Steinwerkzeuge gefunden, die sie Neandertalern zuschreiben.

Jahrzehntelang hat die Kohle den Menschen in der Lausitz Arbeit gegeben, hat riesigen Kraftwerken als Brennstoff gedient, die mit ihrem Strom große Gebiete im Osten versorgten. Millionen Tonnen Kohle werden in der Lausitz auch bis zum geplanten Kohleausstieg gefördert werden, noch immer hängen Tausende Arbeitsplätze an den Tagebauen. Doch spätestens Ende 2023 soll aus Klimagründen Schluss sein mit der Kohleförderung in Jänschwalde, das nahe Kraftwerk soll bis 2028 vom Netz gehen. Die Anlage ist nicht auf dem Bild zu sehen, würde sich aber unmittelbar am unteren Bildrand anschließen.

Das Foto, gemacht von einem Raumfahrer der Expedition-50-Crew auf der Internationalen Raumstation, zeigt den Tagebau Jänschwalde aus rund 400 Kilometern Höhe. Der Abbau erfolgt in dem Bereich links der Bildmitte. Ganz links ist der Flugplatz Cottbus-Drewitz zu sehen, im unteren Bildbereich die Ortschaften Jänschwalde und, an einem markanten 90-Grad-Knick des Tagebaus, Heinersbrück.

Rund ein halbes Dutzend Orte musste der Kohle in der Lausitz weichen: An Klinge, Weißagk, Klein Bohrau, Klein Brießnig und Horno mit ihrer jahrhundertealten Geschichte erinnern nur noch die Namen, auch ein Teil des Ortes Grötsch wurde abgebaggert.

Neben der regionalen Dimension der Tagebaue, die eine komplett durchwühlte Landschaft zurücklassen, gibt es auch noch eine globale: Braunkohle ist mit Blick auf die CO_2-Emissionen der klimaschädlichste aller fossilen Brennstoffe. Deswegen ist der Kohleausstieg folgerichtig, der aus Sicht von Umweltschützern zu langsam und mit zu großen Entschädigungen für die Energiekonzerne abläuft.

Kraftwerk und Tagebau Jänschwalde

Über Jahre gehörten die Kraftwerke und Tagebaue der Lausitz zum schwedischen Staatskonzern Vattenfall. Der hat inzwischen an die Lausitz Energie Bergbau AG, welche zur LEAG gehört, verkauft. Dahinter steckt eine tschechische Holding, die über eine Tochterfirma unter anderem auch zwei große Tagebaue in Sachsen und Sachsen-Anhalt betreibt.

Vattenfall hatte den Tagebau Jänschwalde vor dem offiziellen Beschluss zum Kohleausstieg sogar noch erweitern wollen. Über Jahre gab es Streit mit Umweltschützern und Anwohnern, die ihre Heimat an der Grenze zu Polen nicht verlassen wollten. Doch seit März 2017 ist klar, dass die 900 Menschen in Grabko, Atterwasch und Kerkwitz ihre Häuser behalten können.

Wenn das Abbaufeld in Jänschwalde im Jahr 2023 endet, sollen im Bereich des jetzigen Tagebaus drei Seen entstehen, bei Heinersbrück, Jänschwalde Ost und südlich von Taubendorf. Dann wird die Region aus dem All noch einmal ganz anders aussehen.

Christoph Seidler

Plage im Paradies

*Selbst aus Hunderten Kilometern
Höhe ist der traumhafte Strand der
mexikanischen Insel Holbox zu
erkennen. Doch das Meer schwemmt
übel-riechende Biomasse an.*

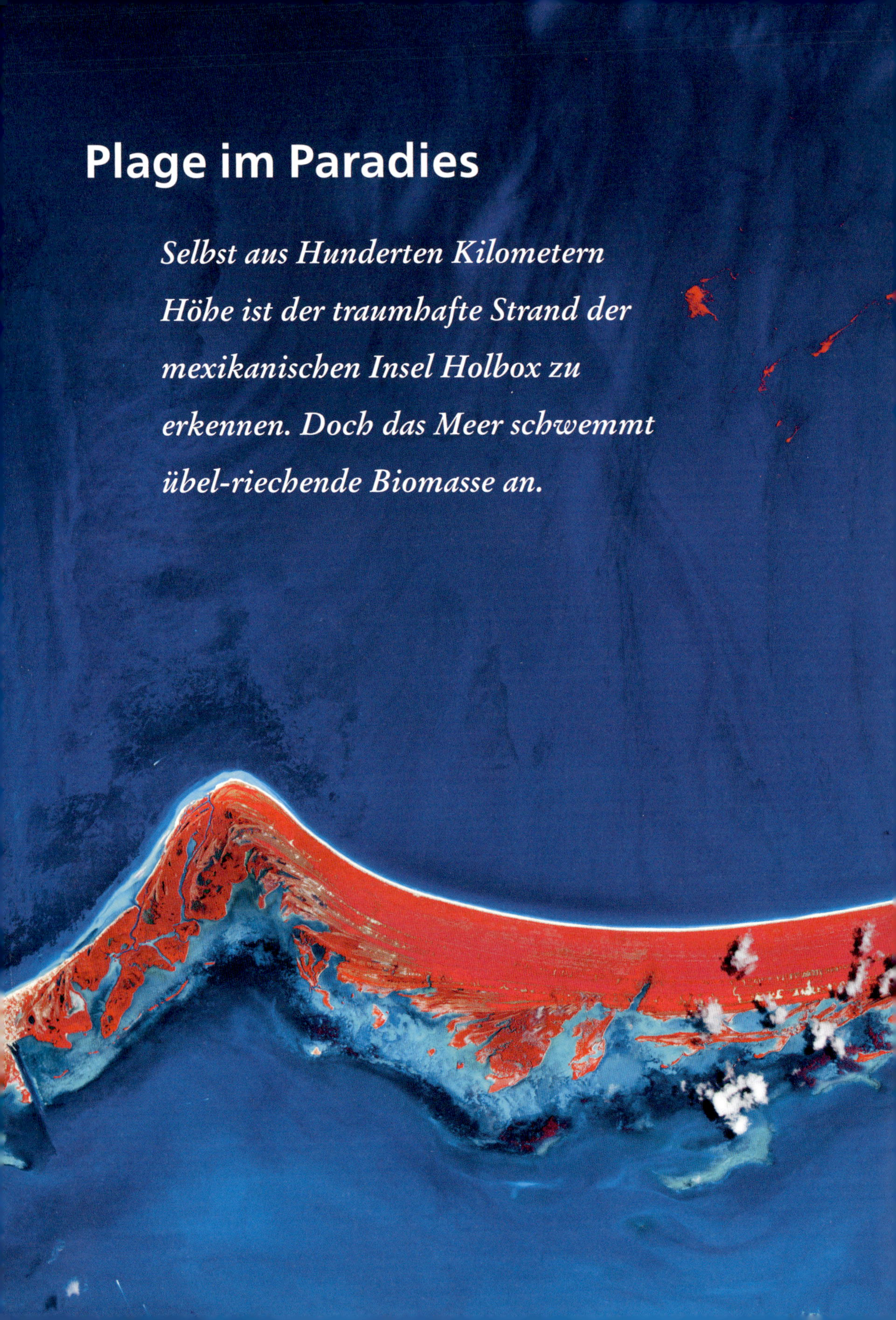

Cancún ist in Mexiko so etwas wie der Ballermann auf Mallorca. Horden von feierwütigen Touristen machen in hochhaushohen Hotels Urlaub, oft mit zu viel Alkohol. Doch ähnlich wie auf der Mittelmeerinsel gibt es nicht weit von Cancúns Flughafen paradiesische Gefilde. Wer es ruhig mag, kann sich entlang der Küstenstraßen Richtung Süden in beschaulichere Ortschaften treiben lassen. Und wer es noch ruhiger mag, der setzt auf eine der Inseln vor der Küste des Bundesstaates Quintana Roo über.

Das schmale Eiland auf dem Satellitenbild besteht komplett aus Sand. Im Norden von Holbox zieht ein endlos langer Strand einen weißen Strich zwischen Meer und Land. Das Wasser ist glasklar und tiefblau, wie könnte es anders sein. Ganz im Westen beherbergt die einzige Ortschaft Touristen, die beispielsweise zum Tauchen mit Walhaien herkommen. Ein Großteil der Insel besteht aus dem Yum-Balam Biosphärenreservat. Auf dem Bild erkennt man die Vegetation, sie ist rot eingefärbt.

Doch im Sommer 2019 bedrohte eine dunkle Gefahr die Insel: Braunalgen. Massenweise wurden Sargassum-Algen an den Strand gespült. Schon Christoph Kolumbus sollen im 15. Jahrhundert Teppiche dieser Algenart in der Sargassosee aufgefallen sein.

Im Meer bilden die Algen Habitate für viele Meerestiere und binden sogar klimaschädliches Kohlendioxid. Doch wenn sie an Land in großen Haufen anfallen, werden sie zum Problem. Sie verrotten und entwickeln dabei einen stechenden Geruch. Zudem locken sie massenweise Fliegen an. Das missfällt Touristen, von denen ist die Region aber stark abhängig. Mexikos Regierung hat umgerechnet bereits viele Millionen Dollar ausgegeben, um mehr als 500 000 Tonnen Sargassum von ihren Stränden zu entfernen.

Um herauszufinden, wie und wo die Algenteppiche treiben, nutzen Wissenschaftler Satellitendaten wie auf dem Bild. Es wurde am 6. Juli 2019 aufgenommen und von der Europäischen Weltraumorganisation Esa veröffentlicht.

Die Aufnahme der »Sentinel-2«-Satellitenmission aus dem »Copernicus«-Programm enthüllt das herantreibende Unheil: Die roten Streifen im Meer vor der Küste zeigen die Braunalgen. Um sie sichtbar zu

Braunalgen an einem Strand der mexikanischen Halbinsel Yucatán

machen, nutzen die Forscher ein Falschfarbenbild, auf dem die Vegetationsbereiche rot eingefärbt sind.

Im Oktober 2019 trafen sich erstmals Forscher auf Guadeloupe zur ersten internationalen Sargassum-Konferenz. Dort berichteten Wissenschaftler über ihre Erkenntnisse und erörterten Lösungen, wie Küstenorte mit dem massiven Zuwachs der Algen umgehen können.

Wie bedeutend das Problem global gesehen ist, zeigten Experten in einer Studie, die im Fachmagazin »Science« veröffentlicht wurde. Sie hatten den Great Atlantic Sargassum Belt untersucht, der im Nordatlantik von Westafrika bis zum Golf von Mexiko treibt. Nach den Daten der Forscher wird er seit Jahren immer größer. Das liegt auch an Düngemitteln, die über Flüsse in die Meere gelangen. Der Great Atlantic Sargassum Belt hat inzwischen eine Länge von 8850 Kilometern erreicht.

Jörg Römer

Salz zu Salz, Staub zu Staub

*Was sind das für Becken, die da in einem
der größten Salzsümpfe der Welt liegen?
Swimmingpools schon mal nicht.
Aber warum kommen trotzdem Touristen
in die staubtrockene Gegend?*

Es gab mal Zeiten, da war der Rann von Kachchh wohl eine ganz normale Bucht des Arabischen Meeres. Das Gewässer war zwar flach, doch wellendurchspült bei Ebbe und Flut. Aber das ist lange her. Längst hat sich der Boden gehoben, sodass die Verbindung zum Meer verschwand. Und auch der riesige Salzsee, der sich im Anschluss bildete, ist nicht mehr da. Nun ist das Gebiet nur noch ein Salzsumpf – aber mit 28 000 Quadratkilometern immerhin einer der größten der Welt.

Wenn es in der Monsunzeit zwischen Juli und September regnet, kann das Land im indisch-pakistanischen Grenzgebiet mit bis zu 50 Zentimetern Wasser überflutet sein. Dann münden hier sogar mehrere Flüsse und versiegen. In der Trockenzeit reicht dagegen nur einer, der Luni, bis zum Rann von Kachchh.

Das Wort »Rann«, so heißt es, kommt aus dem Hindi – und bedeutet »Salzsumpf«. Und so unwirtlich das klingen mag: Im trockenen Winter kommen durchaus gern Touristen in die Gegend, zum Beispiel zum Rann Utsav, einem lokalen Festival. Dann wird eine große Zeltstadt aufgebaut, die einige Monate lang Gäste begrüßt.

Der europäische Satellit »Sentinel-2A« hat diese Aufnahme im Dezember 2015 gemacht. Dominiert wird das Bild von großen, meist rechteckigen Becken, in denen Wasser zur Salzgewinnung verdunstet. Sie sind in verschiedenen Blautönen, aber auch Weiß gehalten. Die verschiedenen Farbtöne lassen sich durch unterschiedliche Mineralgehalte und Wassertiefen erklären.

Touristen im Rann von Kachchh

Produziert wird dort unter anderem Kaliumsulfat, das als Dünger dient. Um eine Vorstellung von der Größe zu bekommen: Allein der Komplex der Verdunstungsbecken, der auf der linken Seite zu sehen ist, hat einen Durchmesser von 13 Kilometern.

Rot eingefärbt ist in dem Falschfarbenbild die – eher schwache – Vegetation in den Banni Grasslands. Hier bieten alte Flusssedimente, die der Indus bis zu einem Erdbeben im Jahr 1819 in die Region gebracht hat, passable Böden. Aber die wenigen Bäume, die Büsche und Gräser sind extrem abhängig vom Regen.

Christoph Seidler

Kommerz statt Kunst

Abstrakte Kunst aus Brasilien? Dieses Bild würde auf jeden Fall auch als Wohnzimmerdeko taugen, doch dahinter verbirgt sich eine traurige Nachricht.

Kunst und Wissenschaft liegen manchmal gar nicht so weit auseinander, das zeigt diese Aufnahme. Man könnte sie für ein Werk des deutschen Malers Gerhard Richter halten. Oder für eines des Pop-Art-Künstlers Jasper Johns.

Aber hinter dem Bild steckt eine Menge Technik, die im All schwebt. Experten der Europäischen Weltraumorganisation Esa haben es aus gleich drei Bildern der Satellitenmission »Sentinel-1« zusammengesetzt. Die Aufnahme zeigt einen kleinen Ausschnitt des mehr als 900 000 Quadratkilometer großen brasilianischen Bundesstaates Mato Grosso.

Dabei ging es den Esa-Experten nicht um Kunst. Sie haben auf dem Bild drei unterschiedliche Radaraufnahmen kombiniert. Ziel war es, Veränderungen der Erdoberfläche und der Landnutzung leichter zu erkennen. Dafür haben die Forscher zunächst Daten vom Mai 2015 verwendet, sie sind in Blau dargestellt. Der zweite Datensatz stammt vom März 2017. Veränderungen auf der Oberfläche wurden hier grün eingefärbt. Dann haben die Forscher wieder zwei Jahre gewartet und erneut Veränderungen hervorgehoben, diesmal in Rot. Die Bereiche in Grau sind im Zeitraum von 2015 bis 2019 unverändert geblieben.

»Mato Grosso« bedeutet übersetzt so viel wie »große Wildnis«. Das sei inzwischen eher ironisch zu verstehen, so die Esa. Denn in einer der am dünnsten besiedelten Regionen Brasiliens ist die Wildnis immer mehr zurückgegangen. Viele der teils unberührten Regenwaldflächen mussten Farm- und Weideland weichen, da die Region zu den stark landwirtschaftlich genutzten Flächen in Brasilien gehört. Vor allem für

Entwaldung in »Mato Grosso«

die Rindfleischproduktion und den Anbau von Soja, Mais und Weizen wurde Wald gerodet.

Mato Grosso gilt als das Zentrum der Entwaldung Brasiliens. Dabei sah es 2012 zunächst gut aus, als die Waldrodung auf einem Tiefstand war. Doch seitdem hat die Abholzung wieder zugenommen.

Nach Angaben des brasilianischen Umweltministeriums wurden zwischen August 2017 und Juli 2018 im ganzen Land 7900 Quadratkilometer Wald abgeholzt. Das entspricht einer Fläche von mehr als einer Million Fußballfeldern. Die meisten Bäume wurden in den Bundesstaaten Pará und Mato Grosso gerodet.

Jörg Römer

Schulhof der Krustentiere

Sie essen gern Shrimps? Die kommen oft

aus Aquakulturen. Und die Garnelenfarmen

können riesig sein.

Pasta oder Reispfanne mit Shrimps, Garnelenspieße auf dem Grill – es gibt viele Gerichte, die durch Krebstiere so richtig lecker werden. Und dank Vitaminen, Mineralstoffen sowie Omega-3-Fettsäuren gelten die Meeresbewohner auch noch als gesund.

Wobei, was heißt eigentlich Meeresbewohner? Mittlerweile stammt schließlich die Mehrzahl der weltweit verzehrten Garnelen nicht mehr aus Wildfang, sondern aus Aquakulturen. Dieses Bild der europäischen Satellitenmission »Sentinel-2« vom März 2021 zeigt auf der rechten Seite eine riesige Zuchtanlage bei La Paz, der Hauptstadt des mexikanischen Bundesstaates Baja California Sur. Die Becken umfassen eine Fläche von 300 Hektar.

Neben Asien – Indien, Vietnam, Thailand und China – wird auch Lateinamerika als Standort der Shrimpzucht in Aquakulturen immer wichtiger. Nach Industrieangaben werden weltweit mehr als fünf Millionen Tonnen der Tiere so produziert. Auf Mexiko entfallen dabei knapp 200 000 Tonnen. Die Mengen sind in den vergangenen Jahren stetig gestiegen.

Aus Sicht von Umweltschützern lassen die Umweltstandards in Shrimpfarmen sehr zu wünschen übrig. Bei einer Zucht in Teichen können vor allem die Abwässer problematisch sein. Sie enthalten oft neben Futterresten auch Exkremente der Tiere, Antibiotika und andere Chemikalien. Gefährliche Rückstände sammeln sich auch am Grund der Becken.

In vielen Gegenden wurden für die Einrichtung der Farmen in tropischen Gebieten auch ökologisch wertvolle Mangrovenwälder abgeholzt, die unter anderem für den Küstenschutz und die Sicherung der Fischbestände eine wichtige Rolle spielen. Unrühmliches Beispiel dafür sind etwa die Philippinen, wo laut Angaben des WWF ein erheblicher Teil der einst bestehenden Mangrovengebiete wegen der Einrichtung von Zuchtanlagen verschwunden sind.

Und noch ein Problem gibt es: Die Tiere wollen gefüttert werden – und das passiert oft mit Fisch, der andernorts gefangen werden muss. Pro produziertem Kilogramm Garnele werden nach Angaben von Umweltschützern bis zu zweieinhalb Kilogramm Wildfisch in Form von Fischöl oder -mehl verfüttert.

Viele Probleme der Shrimpzucht in Aquakultur lassen sich durchaus lösen. Die Abwasserfrage etwa durch geschlossene Kreisläufe mit einer effektiven Reinigung. Doch längst nicht alle Anlagenbetreiber tun das, auch weil es sich finanziell nicht immer lohnt. Der Betreiber der gezeigten Shrimpfarm verspricht jedoch, es würden keine gefährlichen Chemikalien eingesetzt.

Christoph Seidler

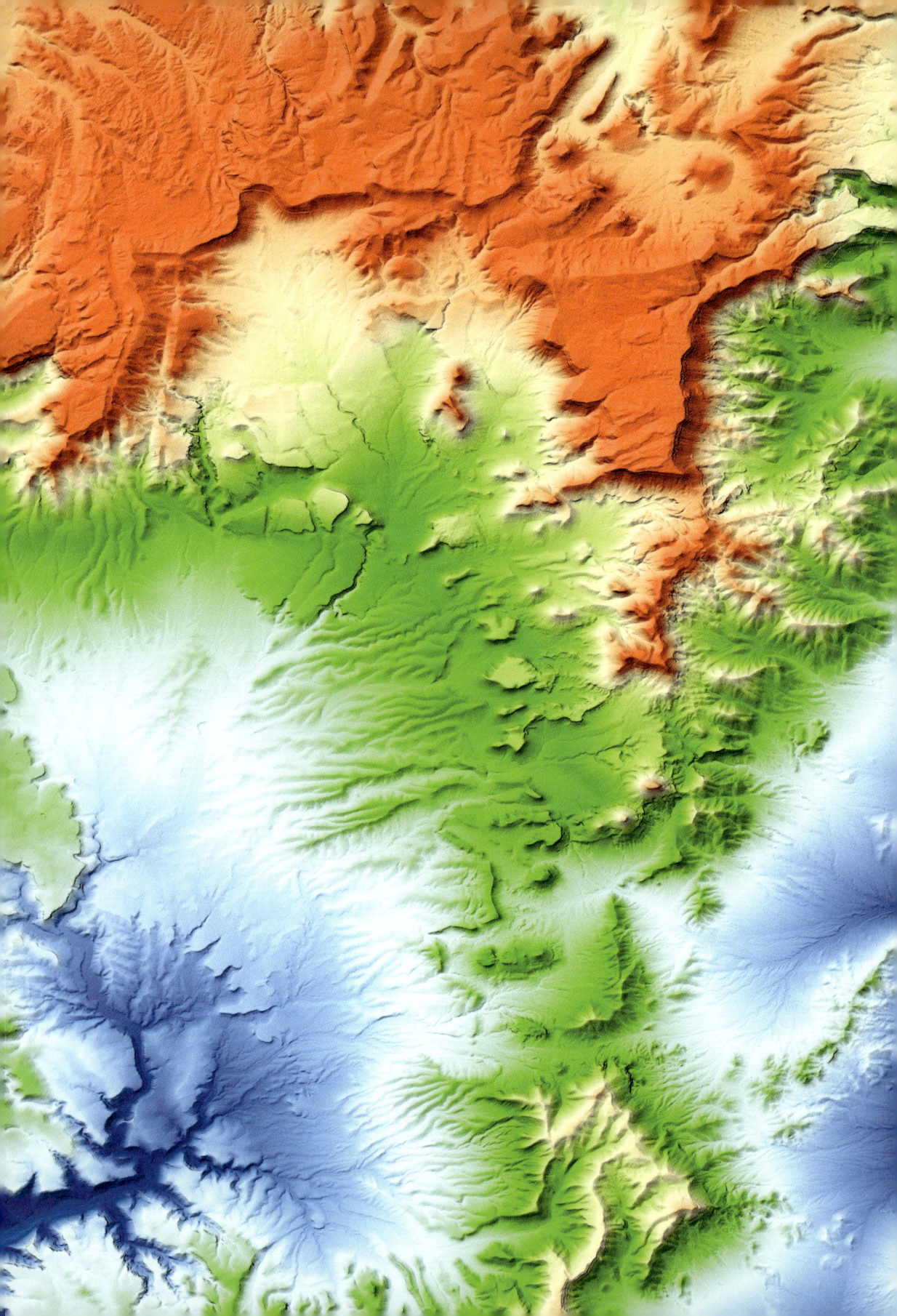

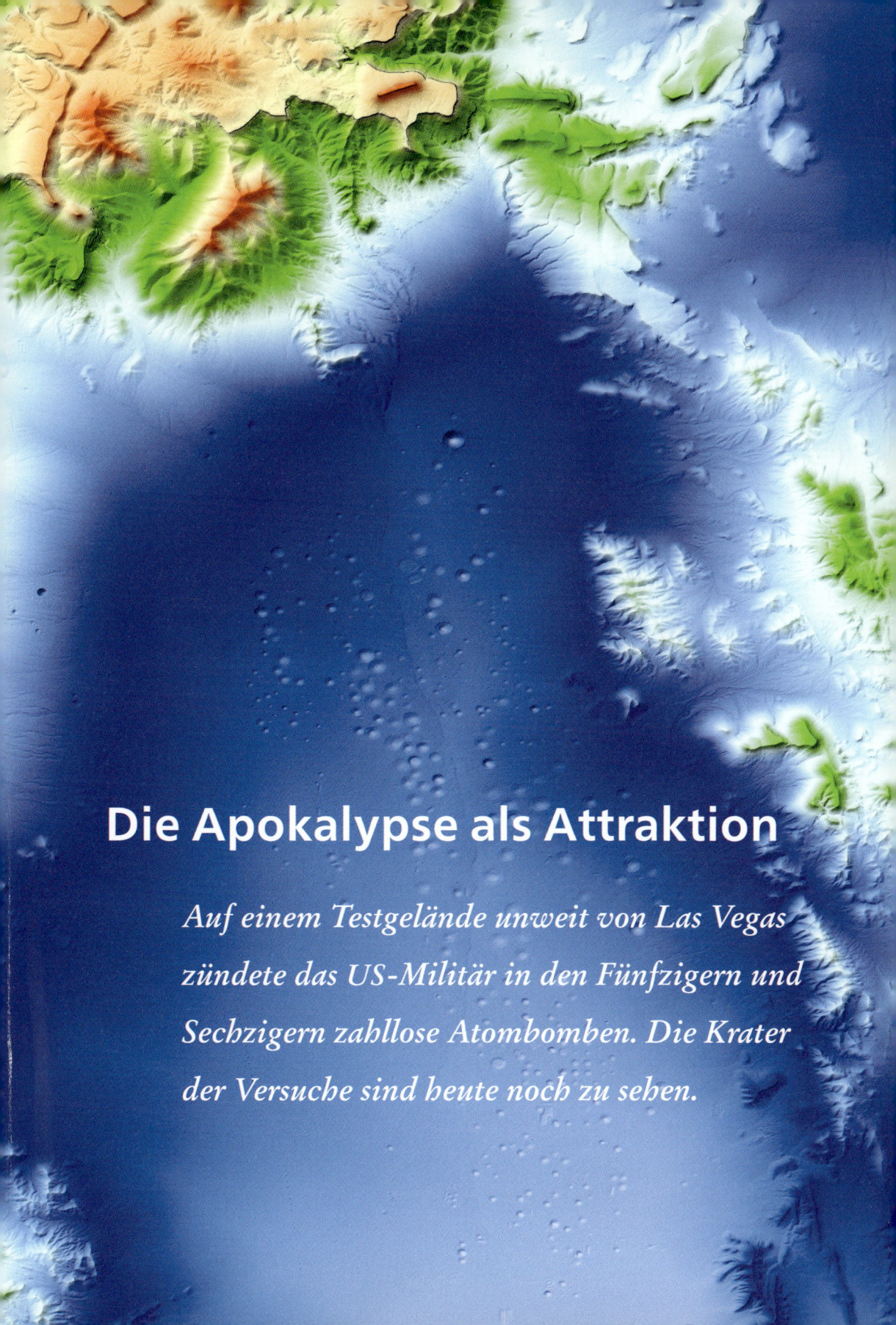

Die Apokalypse als Attraktion

Auf einem Testgelände unweit von Las Vegas zündete das US-Militär in den Fünfzigern und Sechzigern zahllose Atombomben. Die Krater der Versuche sind heute noch zu sehen.

Das »Desert Inn« und das »Binion's Horseshoe« waren bekannt für die beste Aussicht auf das Spektakel. Hier traf man sich zu »Atomic Cocktails« und »Dawn Bomb Parties«. Und wer nicht dabei sein konnte, dem schickte man wenigstens eine Ansichtskarte mit der Wolke darauf. Aber auch am Pool des »Last Frontier Hotel« ließ sich der Atompilz mit Stil genießen.

Am 27. Januar 1951 zündete das US-Militär erstmals über der Nevada Test Site nördlich des Zockerparadieses Las Vegas einen Atomsprengkopf. »Able« hieß die Bombe mit einer Sprengkraft von einer Kilotonne, die nach dem Abwurf aus einem aus einem Langstreckenbomber vom Typ Boeing B-50 in gut 320 Metern über der Ebene Frenchman Flat detonierte. Es war der erste Atomtest auf dem US-Festland seit der Zündung der »Trinity«-Bombe am 16. Juli 1945 in New Mexico.

Für Las Vegas, damals noch längst nicht die Metropole, die es heute ist, wurden die Atomtests zur touristischen Attraktion. Im Kalten Krieg mit der Sowjetunion drohte einerseits jeden Tag die nukleare Apokalypse, andererseits berauschte man sich gern an den eigenen Fähigkeiten. Uncle Sam ließ die Muskeln spielen – und fühlte sich gut dabei.

Die Handelskammer Las Vegas produzierte Kalender mit den Daten und Zeiten der geplanten Detonationen. Die Hotels warben damit, das bizarre Spektakel aus vermeintlich sicherer Entfernung anzusehen – oder gleich eine Tour in die unmittelbare Nähe zu buchen. In den Jahren 1952, 1953, 1955 und 1957 wählte man gar die »Miss Atomic«. Am bekanntesten wurde die Preisträgerin des Jahres 1957, Lee Merlin, die in einem Badeanzug in Pilzwolkenform posierte.

Abendstimmung am Stadtrand von Las Vegas

Auf dem Gelände der Nevada Test Site fanden zwischen 1951 und 1962 insgesamt 119 überirdische Atomtests statt. Viele von ihnen schlugen tiefe Krater in die Landschaft, die bis heute sichtbar sind. Der wohl beeindruckendste ist der 390 mal 100 Meter messende Sedan-Krater. Er entstand, als bei der Zündung eines einzigen Sprengkopfes 1962 elf Millionen Tonnen Erde bewegt wurden. Damals wurden im Rahmen der »Operation Plowshare« Verfahren getestet, Atombomben auch für zivile Zwecke einzusetzen, etwa zum Ausheben von Kanälen für die Schifffahrt.

Die Mondlandschaft des Testgebiets zeigt dieses Bild, das auf einem von den deutschen Radarsatelliten »TanDEM-X« und »TerraSAR-X«

erstellten Höhenmodell beruht. Beide Satelliten umkreisen die Erde im Formationsflug in gut 500 Kilometern Höhe. Weil sie etwas versetzt auf dasselbe Ziel blicken, können sie die Erde stereoskopisch vermessen. Derselbe Effekt sorgt auch bei unseren Augen dafür, dass wir im Gehirn ein dreidimensionales Bild erstellen können.

Durch die Messungen von »TanDEM-X« und »TerraSAR-X« konnten die Forscher eine extrem hoch aufgelöste 3-D-Weltkarte fertigen. Dafür wurden 150 Millionen Quadratkilometer Landfläche mehrfach abgetastet und mehrere Hundert Terabyte zur Erde übertragen. Die Höhengenauigkeit liegt bei unter zwei Metern. Die Krater befinden sich in den blauen, tiefer gelegenen Ebenen auf der rechten Seite.

Um das Höhenmodell gab es allerdings Streit. Grund war, dass die Daten aus dem mehrheitlich steuerfinanzierten Projekt zwar kostenlos für die Forschung genutzt werden konnten. Allerdings wollte auch die Bundeswehr Zugriff auf das Modell – und musste dafür dem privaten Projektpartner Airbus Defence and Space einen dreistelligen Millionenbetrag zahlen. Die Summe lag beim Dreifachen des ursprünglichen Einsatzes der Firma für das Projekt. Von linken und grünen Oppositionspolitikern gab es dafür Kritik, weil das Geld aus ihrer Sicht zweimal ausgegeben wurde.

Aber noch einmal zur Nevada Test Site, die heute übrigens Nevada National Security Site heißt. Der letzte oberirdische Test auf dem Gelände war die Bombe »Little Feller I« am 17. Juli 1962. Danach gingen die Versuche unterirdisch weiter, wo bis September 1992 weitere rund 900 Bomben gezündet wurden. Bis heute wird das Tausende Quadratkilometer große Testgebiet militärisch genutzt, die legendäre Area 51 liegt gleich nebenan.

Geführte Besuche des ehemaligen Testgebietes waren zumindest vor der Corona-Pandemie mit langer Voranmeldung und unter strengen Sicherheitsregeln möglich. Unter anderem durften keine Kameras, Ferngläser oder Mobiltelefone mitgeführt werden.

Deutlich einfacher ist der Zugang zum National Atomic Testing Museum in Las Vegas, wo man sich anhand vieler Exponate über die nuklearen Aktivitäten informieren kann. Dort erfährt man auch, dass die Stadt keine nennenswerten negativen Folgen wie etwa radioaktive Belastung erfahren hat. Anders sah das in den Regionen aus, die östlich des Testgebiets lagen. Dorthin hatte der Wind radioaktive Partikel getragen. Vermutlich daher traten dort jahrzehntelang verschiedene Krebsarten gehäuft auf, etwa in der Gegend um St. George im Südwesten des Bundesstaates Utah.

Und sonst? Das »Desert Inn« ist längst verschwunden. Die letzten Teile wurden 2004 beseitigt, um Platz für das riesige »Wynn«-Resort zu machen. Die Sprengung war, zum Glück, ganz konventionell. Das »Binion's Horseshoe« existiert noch, aber wer sich an die schaurigen Zeiten erinnern möchte, als Pilzwolken am Himmel bei Las Vegas auftauchten, dem sei eine nicht weit entfernte Bar auf der Freemont Street empfohlen. Sie wurde 1945 als »Virginia's Café« gegründet. Seit 1952 trägt sie aber den Namen, der bis heute auf dem Schild zu finden ist: »Atomic Liquors«.

Christoph Seidler

Dank

Man könnte denken, dass ein Buch wie dieses entsteht, weil Autoren Ideen haben und dann ein paar Texte schreiben. Aber damit allein ist es nicht ansatzweise getan. Das Werk muss erdacht, gestaltet und wieder und wieder verbessert werden. Zu Format und Layout, bei der Herstellung und im Lektorat müssen viele Fragen beantwortet, viele Punkte geklärt werden. Ein Buch ist also immer auch Teamwork. Im Hintergrund schuften zahlreiche Personen und helfen in monatelanger Arbeit dabei, ein hoffentlich ansprechendes Produkt in die Geschäfte zu bringen. Ob es geklappt hat, mögen Sie beurteilen. Wir hoffen es von Herzen.

In jedem Fall sind wir vielen Menschen zu Dank verpflichtet, die an »Von oben« mitgearbeitet haben – manche sichtbar, andere eher unauffällig im Hintergrund.

Wir möchten allen unseren Kolleginnen und Kollegen im Wissenschaftsressort des SPIEGEL danken, ganz besonders aber Susanne Götze, Julia Köppe und Julia Merlot. Sie haben netterweise Texte beigesteuert, die sie für die wöchentliche Kolumne »Satellitenbild der Woche« geschrieben haben, aus der dieser Band entstanden ist. Durch ihre Mitarbeit ist das Buch zu einer Art Ressort-Werk geworden.

Und wo wir gerade beim Ressort sind: Unser Dank gilt auch Markus Becker, dem ehemaligen Wissenschaftschef von SPIEGEL ONLINE. Er hatte einst die Idee, auf der Grundlage von Satellitenbildern eine wöchentliche Kolumne zu produzieren, die Geschichten aus dem Orbit über die Erde erzählt.

Zu Dank verpflichtet sind wir auch Angelika Mette vom Produktmanagement des SPIEGEL-Verlags. Sie nahm unsere Idee von einem Buch voller schöner Satellitenbilder begeistert auf und unterstützte uns bei der Umsetzung. Das gilt genauso für die Kolleginnen und Kollegen von der Penguin Random House Verlagsgruppe, namentlich Karen Guddas, Karin Kirchhof und Andrea Mogwitz. Um den Faktencheck hat sich Lars Böhm verdient gemacht. Bei den Bildern hat uns Daniel Hofmann geholfen.

Erwähnt werden muss hier auch die wertvolle Arbeit der Europäischen Weltraumorganisation Esa, des Deutschen Zentrums für Luft- und Raumfahrt, der US-Raumfahrtbehörde Nasa und die von privaten Satellitenbetreibern wie Planet Labs oder Airbus Defence and Space. Ohne die veröffentlichten Bilder ihrer Erdbeobachtungssatelliten gäbe es kein Material für dieses Buch. Besonders danken wir außerdem Esa-Astronaut Matthias Maurer, der in den sehr geschäftigen Monaten vor seinem ersten Raumflug die Zeit gefunden hat, ein Geleitwort für diesen Band zu verfassen.

Ganz und gar nicht zu denken wäre dieses Buch aber ohne unsere Familien, für deren Zuneigung und Unterstützung wir uns nicht genug bedanken können. In Corona-Zeiten mögen die Nerven daheim manchmal etwas blank gelegen haben – wir möchten euch aber sagen, wie lieb wir euch haben!

Jörg Römer dankt für dieses Buch seiner Frau Alexandra und seinen beiden Töchtern Helena und Emma, Christoph Seidler widmet es seiner Frau Kareen, seiner Tochter Clara und seinem Vater Helmut. Danke für alles!

Bildnachweis

S. 4: Contains modified Copernicus Sentinel data (2020), processed by Esa; S. 11: Esa/Nasa/Robert Markowitz/JSC; S. 14, 15, 16: Nasa; S. 17: Earth Observation Center des Deutschen Zentrums für Luft- und Raumfahrt (DLR); S.18: Nasa/NOAA; S. 22: Image © 2020 Planet Labs Inc.; S. 23: Nasa/JSC; S. 24: CTIO/NOIRLab/NSF/AURA/DECam DELVE Survey; S. 28: ESA/ATG medialab

Kapitel 1: Stadt, Land, Fluss
S.32/33: Contains modified Copernicus Sentinel data (2018), processed by Esa; S. 35: Gallo Images/Brand X Pictures/via Getty Images; S. 38/39; S. 54/55; S. 60/61: Nasa/USGS; S. 41: by IAISI/Moment/via Getty Images; S. 44/45: Contains modified Copernicus Sentinel data (2019), processed by Esa; S. 47: Mark Meredith/Moment/via Getty Images; S. 50/51: Contains modified Copernicus Sentinel data (2019), processed by Esa; S. 58: Mitchell Krog/Moment open/via Getty Images; S. 64/65: NASA/AIM mission/University of Colorado Boulder; S. 67: Jan Drahokoupil/500px/via Getty Images; S. 70/71: Contains modified Copernicus Sentinel data (2019), processed by Esa; S. 72: Alison Wright/Corbis Documentary/via Getty Images;

S. 74/75: Nasa/Meti/AIST/Japan Space Systems/U.S.-Japan Aster Science Team; S. 78/79: Contains modified Copernicus Sentinel data (2019), processed by Esa; S. 81: Paul Souders/Photodisc/via Getty Images; S. 82/83: Contains modified Copernicus Sentinel data (2020); S. 85: Akash Banerjee Photography/Moment/via Getty Images; S. 86/87: Contains modified Copernicus Sentinel data (2018); S. 90/91: Contains modified Copernicus Sentinel data (2015), processed by Esa; S. 93: Adrian Ace Williams/Archive Photos/via Getty Images; S. 96/97: Contains modified Copernicus Sentinel data (2021); S. 100: Thomas Roche/Moment/via Getty Images; S. 102/103: Earth Observation Center des Deutschen Zentrums für Luft- und Raumfahrt (DLR); S. 105: Stocktrek Images/via Getty Images

Kapitel 2: Die sieben Weltmeere
S. 110/111; S.114/115: Nasa/USGS; S. 116: Science Photo Library Steve Gschmeissner/Brand X Pictures/via Getty Images; S. 118/119: Contains modified Copernicus Sentinel data (2017), processed by Esa; S. 121: Joseph Van Os/Stockbyte/via Getty Images; S. 122/123: Contains modified Copernicus Senti-

nel data (2018), processed by Esa; S. 125: Dave Carr/Moment/via Getty Images; S. 126/127: Contains modified Copernicus Sentinel data (2016-17), processed by Esa; S. 132/133: Contains modified Copernicus Sentinel data (2020); S. 135: Simon Bottomley/DigitalVision/via Getty Images

Kapitel 3: Wie im Urlaub
S. 140/141: Image © 2017 Planet Labs Inc.; S. 143: Andrew Marttila/Photodisc/via Getty Images; S. 146/147: Contains modified Copernicus Sentinel data (2018), processed by Esa; S. 149: Celso Mollo Photography/Moment/via Getty Images; S. 150/151: Nasa/USGS/Nasa Eosdis/Lance/Gibs/Worldview; S. 153: Colors and shapes of underwater world/Moment/via Getty Images; S. 154/155: Nasa Eosdis/Lance/Gibs/Worldview; S. 157: John Seaton Callahan/Moment/via Getty Images; S. 158/159: Contains modified Copernicus Sentinel data (2019), processed by Esa; S. 161: Relax-Foto.de/E+/via Getty Images; S. 164/165: Nasa/USGS; S. 168/169: Contains modified Copernicus Sentinel data (2017), processed by Esa; S. 171: Arthit Somsakul/Moment/via Getty Images; S. 172/173: Nasa/JSC; 178/179: Contains modified Copernicus Sentinel data (2021); S. 181: VW Pics/Universal Images Group/via Getty Images; S. 184/185: Pléiades Neo ©Airbus DS 2021; S. 189: Werner Forman/Universal Images Group/via Getty Images

Kapitel 4: Achtung, Achtung
S. 192/193; S.196/197: Contains modified Copernicus Sentinel data (2020); S. 195: Art Wolfe/Srone/via Getty Images; S. 199: gohjs225/ImaZinS/via Getty Images; S. 202/203: Contains modified Copernicus Sentinel data (2018), processed by Esa; S. 204: Raung Binaia/Moment/via Getty Images; S. 206/207: Nasa/USGS; S. 210/211: Contains modified Copernicus Sentinel data (2018), processed by Esa; S. 213: Lothar Theobald/via Getty Images; S. 214/215: Contains modified Copernicus Sentinel data (2019); S. 218/219: Contains modified Copernicus Sentinel data (2015), processed by Esa

Kapitel 5: Bleibt alles anders
S. 224/225: Image © 2021 Planet Labs Inc.; S. 229: Loren Elliott/Getty Images News/via Getty Images North America; S. 230/231: Contains modified Copernicus Sentinel data (2019), processed by Esa; S. 234/235: Contains modified Copernicus Sentinel data (2021); S. 237: Marcus Lindstrom/E+/via Getty Images; S. 238/239; S. 246/247: Nasa/USGS; S. 242/243: Contains modified Copernicus Sentinel data (2021); S.250/251; S. 254/255: Contains modified Copernicus Sentinel data (2018), processed by Esa; S. 257: Artem Vorobiev/Moment/via Getty Images; S.258/259: Nasa/JSC; S. 261: fhm/Moment/via Getty Images; S. 262/263: Contains modified Copernicus Sentinel data (2018), processed by Esa; S. 265: Jopstock/Moment/via Getty Images; S. 266/267: Contains modified Copernicus Sentinel data (2015), processed by Esa; S. 269: Leisa Tyler/LightRocket/via Getty Images; S. 270/271: Contains modified Copernicus Sentinel data (2015-19), processed by Esa; S. 273: LeoFFreitas/Moment/via Getty Images; S. 274/275: Contains modified Copernicus Sentinel data (2021); S. 278/279: Earth Observation Center des Deutschen Zentrums für Luft- und Raumfahrt (DLR); S. 281: LPETTET/E+/via Getty Images

Nordpolarmeer

S. 126 ● Alert

Grönland

Berner
Oberlar
S. 218

Alaska

S. 206 ● Barry-Gletscher

S. 118 ● Pribilof-Inseln

S. 60   S. 90
Rupert Bay ●   ● Manicouagan-
                 Stausee

S.
Mont-Saint-Mi
S.

Atlantischer Ozean

S. 278
Las Vegas ●

S. 224
● Boca Chica

S. 274   S. 140
La Paz ●   Holbox   ● Key Largo

S. 192 ● Vulkan   S. 262 ● Great Bahama Bank
          Kilauea   S. 150

Valsequillo-See ●
                   S. 196
                      ● Great
                        Blue Hole
                      S. 178

Kapverdische   S. 122
Inseln   ●

Pazifischer Ozean

S. 70 ● Rio Javari

La Rinconada ●
S. 242

S. 230 ● Henderson Island

Mato Grosso ●
S. 270

*Atlantischer
Ozean*

S. 164 ● Jason Islands

S. 32 ● Südgeorgien

S. 214 ● Mount
           Michae

● Danger Islands
S. 132

Südlicher Ozean